독버섯 쉽게 알아보기

독버섯 쉽게 알아보기

초판인쇄 | 2015년 9월 18일
초판발행 | 2015년 9월 25일

지 은 이 | 석순자 · 임경수 · 손창환 · 정미혜
펴 낸 이 | 고명흠
펴 낸 곳 | 푸른행복

출판등록 | 2010년 1월 22일 제312-2010-000007호
주　　소 | 경기도 고양시 덕양구 통일로 140(동산동)
삼송테크노밸리 B동 329호
전　　화 | (02)3216-8401 / FAX (02)3216-8404
E-Mail | munyei21@hanmail.net
홈페이지 | www.munyei.com

ISBN 979-11-5637-027-7 (13400)

※ 이 도서의 국립중앙도서관 출판예정도서목록(CIP)은 서지정보유통지원시스템 홈페이지(http://seoji.nl.go.kr)와 국가자료공동목록시스템(http://www.nl.go.kr/kolisnet)에서 이용하실 수 있습니다. (CIP제어번호: CIP2015024481)

독버섯 쉽게 알아보기

석순자 · 임경수 · 손창환 · 정미혜 공저

푸른행복

일러두기

1. 제1부에서 버섯을 독성 그룹별로 나누어 이론적인 내용을 먼저 설명하고, 제2부에서는 버섯의 이름을 가나다순으로 나열하였습니다.
2. 제1부에서 소개하고 있는 식용버섯은 그 그룹의 독버섯과 모양이 같거나 특정 지역에서 불리는 이름이 같은 경우 등 여러 가지 이유로 독버섯과 비교 대상이 되는 버섯입니다. 소개하는 식용버섯과 감별해야 할 독버섯의 사진은 버섯 본문에서 다루므로 중복하여 싣지 않았습니다.
3. • **[Into] 버섯의 일반적인 특성** 중 '버섯의 형태 특성을 기준으로 나눈 분류학적 구분'(pp.17~25)에서는 1987년판 일본의 《원색 일본 신균류도감(Ⅰ)》과 1989년판 일본의 《원색 일본 신균류도감(Ⅱ)》에 준한 분류체계 특성을 기술하였습니다.
   • **제2부 한국의 독버섯**에서는 최근 균 분류 및 버섯 분류체계를 반영하였습니다. 최근 균 분류 및 버섯 분류체계는 2006년부터 국제균학회(IMA)와 500여 연구소 및 개인이 참가하여 Indexfungorum이라는 웹DB에 균류와 버섯의 명칭을 새로 정리하여 올려놓은 것입니다.
4. 트리코테신 중독을 일으키는 버섯은 ●, 아마톡신 중독을 일으키는 버섯은 ●, 지로미트린 중독을 일으키는 버섯은 ●, 코프린 중독을 일으키는 버섯은 ●, 무스카린 중독을 일으키는 버섯은 ●, 이보텐산-무시몰 중독을 일으키는 버섯은 ●, 환각 중독을 일으키는 버섯은 ●, 위장관 자극 중독을 일으키는 버섯은 ● 등, 각 동그라미에 해당하는 색으로 구별하여 쉽게 알아볼 수 있게 하였습니다.

| 책머리에 |

최근 몇 년간은 기후변화로 인하여 한반도의 장마기간이 일정하지 않아 정부에서는 매년 시기를 달리하여 '독버섯주의보'를 발령하고 야생 버섯을 함부로 채취하거나 먹지 말 것을 당부하고 있다. 특히 건강에 대한 관심이 높아지면서 웰빙 산업으로서 안전농산물에 대한 소비욕구가 증가하고 인공재배 버섯뿐만 아니라 자연에서 채취한 다양한 식용버섯의 이용이 높아지고 있으나 여름 장마가 시작되면서 독버섯에 의한 중독사고도 매년 빈번하게 발생되고 있어 많은 주의가 필요하다.

서양의 의술이 도입된 1880년대부터 지금까지 상당히 많은 사람이 독버섯으로 사망하거나 각종 합병증이 발병하였지만, 현재까지 국내에 자생하는 독버섯에 대한 의학적 정보가 거의 없었다. 결과적으로 독버섯 중독 환자에 대한 진단과 치료가 지연되어 불행한 결과를 맞이하는 경우가 매년 다수 발생하는 실정이다.

독버섯에 의한 중독사고가 농촌 및 산촌지역에서 도시민으로 확대 · 집단화되고 있으며, 2004년부터 7년간 야생 독버섯을 먹고 25건의 중독사고로 255명의 중독 환자가 발생하였다.

버섯은 봄부터 가을까지 전국 어디에서나 발생하며, 우리나라에는 1,670여 종이 자생하고 있다. 그중 식용 가능한 버섯은 약 400여 종이고, 독버섯은 160여 종에 이른다. 그러나 야생에서 채취하여 먹을 수 있는 버섯은 20~30여 종에 불과하다.

독버섯은 종류에 따라 함유하는 독성분도 각기 다르다. 독버섯 중에는 한 개만 먹어도 죽음에 이르는 독우산광대버섯이나 개나리광대버섯 같은 맹독성 버섯들이 있는가 하면 복통이나 설사·구토와 같은 위장관 증상을 주로 일으키는 준독성 버섯, 정신신경계 독소를 내포하여 환각이나 수면을 일으키는 버섯류 등이 많이 자생하고 있다.

매년 독버섯 중독사고 예방을 위한 노력에도 불구하고 독버섯 중독사고가 발생하는 원인은 국민들의 대부분은 버섯에 대한 정확한 지식 없이 잘못된 독버섯 판별법으로 식용버섯과 독버섯을 구별하거나 야생 독버섯을 식용버섯으로 오인하여 발생하는 경우가 대다수이다.

특히 치명적인 독우산광대버섯을 갓버섯으로, 개나리광대버섯을 꾀꼬리버섯으로, 식용버섯인 노란달걀버섯도 꾀꼬리버섯 등으로 오인하는 경우가 대표적이다. 따라서 이 책에서는 국내에서 자생하는 독버섯의 육안적인 특징과 부위별 특징을 사진과 함께 설명하였다. 국내 자생 주요 독버섯의 종류와 중독증상 등을 기술하였고, 식용버섯과 감별이 어려운 독버섯들을 비교하여 자세히 설명하였으며, 지난 수십 년간 전국에서 직접 촬영한 사진들을 삽입하였다.

국내에는 중독환자에 대한 각종 사례를 수집하는 TESS(toxic exposure surveillance system)가 없어서 독버섯 종류별 임상증례를 추가하지 못했다는 아쉬움이 있지만, 지난 몇 년간 서울아산병원에서 직접 경험한 독버섯 증례를 일부 포함했으며, 향후 지속적으로 각종 독버섯 중독환자들의 임상적 특징과 전문 치료법을 더욱 자세히 기술함으로써 더욱 보완하고자 한다.

지은이 씀

CONTENTS

- 일러두기 4
- 책머리에 5
- [Intro] 버섯의 일반적인 특성 13

버섯의 특성 15 · 식용버섯과 독버섯의 구별법 32 · 한국의 야생 독버섯 35

제1부 | 중독을 일으키는 버섯의 분류

1 트리코테신 중독을 일으키는 버섯류 · 42

2 아마톡신 중독을 일으키는 버섯류 · 45

3 지로미트린 중독을 일으키는 버섯류 · 53

4 코프린 중독을 일으키는 버섯류 · 57

5 무스카린 중독을 일으키는 버섯류 · 61

6 이보텐산-무시몰 중독을 일으키는 버섯류 · 65

7 환각 중독을 일으키는 버섯류 · 69

8 위장관 자극 중독을 일으키는 버섯류 · 73

제2부 | 한국의 독버섯

ㄱ

1 갈색고리갓버섯 · 위장관 자극 중독 · 86

2 갈색먹물버섯 · 코프린 중독 · 89

3 갈잎에밀종버섯 · 아마톡신 중독 · 93

4 갈황색미치광이버섯 · 환각 중독 · 97

5 갓그물버섯 · 위장관 자극 중독 · 100

6 개나리광대버섯 · 아마톡신 중독 · 103
7 검은띠말똥버섯 · 환각 중독 · 107
8 검은쓴맛그물버섯 · 환각 중독 · 111
9 게딱지버섯 · 지로미트린 중독 · 114
10 계란모자버섯 · 환각 중독 · 119
11 곰보버섯 · 지로미트린 중독 · 122
12 광비늘주름버섯 · 위장관 자극 중독 · 125
13 긴골광대버섯아재비 · 위장관 자극 중독 · 128
14 깔때기무당버섯 · 위장관 자극 중독 · 132
15 꽃잎우단버섯 · 위장관 자극 중독 · 135

ㄴ

16 노란각시버섯 · 위장관 자극 중독 · 138
17 노란꼭지버섯 · 위장관 자극 중독 · 141
18 노란다발 · 위장관 자극 중독 · 143
19 노란젖버섯 · 위장관 자극 중독 · 149
20 노란종버섯 · 환각 중독 · 152
21 노랑싸리버섯 · 위장관 자극 중독 · 154

ㄷ

22 독우산광대버섯 · 아마톡신 중독 · 156
23 두건에밀종버섯 · 아마톡신 중독 · 162
24 두엄먹물버섯 · 코프린 중독 · 164
25 땅비늘버섯 · 위장관 자극 중독 · 170

ㅁ

26 마귀곰보버섯 · 지로미트린 중독 · 174
27 마귀광대버섯 · 이보텐산-무시몰 중독 · 178

28 맑은애주름버섯 · 위장관 자극 중독 · 182
29 목장말똥버섯 · 환각 중독 · 186
30 무당버섯 · 위장관 자극 중독 · 190

ㅂ

31 바늘땀버섯 · 무스카린 중독 · 194
32 밤색갓버섯 · 아마톡신 중독 · 197
33 밤자갈버섯 · 위장관 자극 중독 · 200
34 배불뚝이깔때기버섯 · 코프린 중독 · 203
35 뱀껍질광대버섯 · 위장관 자극 중독 · 205
36 볼록포자갓버섯 · 위장관 자극 중독 · 209
37 붉은꼭지버섯 · 위장관 자극 중독 · 211
38 붉은사슴뿔버섯 · 트리코테신 중독 · 213
39 붉은산무명버섯 · 위장관 자극 중독 · 216
40 붉은싸리버섯 · 위장관 자극 중독 · 219
41 비늘버섯 · 위장관 자극 중독 · 222
42 비듬땀버섯 · 무스카린 중독 · 226

ㅅ

43 산속그물버섯아재비 · 위장관 자극 중독 · 229
44 삿갓땀버섯 · 무스카린 중독 · 232
45 삿갓외대버섯 · 위장관 자극 중독 · 235
46 새주둥이버섯 · 위장관 자극 중독 · 241
47 솔땀버섯 · 무스카린 중독 · 247

ㅇ

48 안장마귀곰보버섯 · 지로미트린 중독 · 250
49 암회색광대버섯 · 위장관 자극 중독 · 252

50 애기무당버섯 · 위장관 자극 중독 · 257
51 애우산광대버섯 · 위장관 자극 중독 · 262
52 양파광대버섯 · 아마톡신 중독 · 265
53 와인잔버섯 · 지로미트린 중독 · 268
54 은행잎우단버섯 · 위장관 자극 중독 · 270

ㅈ

55 자주색싸리버섯 · 위장관 자극 중독 · 273
56 잿빛깔때기버섯 · 무스카린 중독 · 276
57 절구버섯 · 위장관 자극 중독 · 279
58 절구버섯아재비 · 아마톡신 중독 · 282
59 점박이어리알버섯 · 위장관 자극 중독 · 286
60 좀우단버섯 · 위장관 자극 중독 · 289
61 좀환각버섯 · 환각 중독 · 292
62 주름우단버섯 · 위장관 자극 중독 · 294
63 주홍여우갓버섯 · 위장관 자극 중독 · 297

ㅊ

64 침비늘버섯 · 위장관 자극 중독 · 301

ㅋ

65 큰비늘땀버섯 · 위장관 자극 중독 · 305
66 큰우산버섯 · 위장관 자극 중독 · 308
67 큰주머니대광대버섯 · 위장관 자극 중독 · 312

ㅌ

68 턱받이광대버섯 · 위장관 자극 중독 · 316
69 턱받이금버섯 · 위장관 자극 중독 · 319
70 턱받이종버섯 · 아마톡신 중독 · 323

ㅍ 71 파리버섯 · 이보텐산-무시몰 중독 · 325

ㅎ 72 화경솔밭버섯 · 위장관 자극 중독 · 328
73 황금싸리버섯 · 위장관 자극 중독 · 331
74 황토에밀종버섯 · 아마톡신 중독 · 333
75 흑비늘송이 · 위장관 자극 중독 · 335
76 흙무당버섯 · 위장관 자극 중독 · 338
77 흠집남빛젖버섯 · 위장관 자극 중독 · 342
78 흰갈대버섯 · 위장관 자극 중독 · 344
79 흰꼭지외대버섯 · 위장관 자극 중독 · 347
80 흰독큰갓버섯 · 위장관 자극 중독 · 351
81 흰땀버섯 · 무스카린 중독 · 356
82 흰무당버섯아재비 · 위장관 자극 중독 · 360
83 흰알광대버섯 · 아마톡신 중독 · 364
84 흰오뚜기광대버섯 · 아마톡신 중독 · 368
85 흰오징어버섯 · 위장관 자극 중독 · 371

- [부록] 용어 설명 378 · 의학 용어 391 · 독버섯 중독사고 발생 시 대처방법 394
- 학명으로 찾아보기 395
- 참고문헌 399

Intro

버섯의 일반적인 특성

국내에 서식하는

야생 버섯은 봄부터 가을까지 전국 어디서나 발견할 수 있으며, 현재까지 약 1,670종이 알려져 있다. 그중에서 식용 가능한 버섯은 약 400여 종이고, 독버섯은 160여 종에 이른다. 그러나 야생에서 채취하여 먹을 수 있는 버섯은 20~30여 종에 불과하다.

최근 기능성 식품에 대한 관심이 높아지면서 토종 농산물에 대한 소비가 증가하고, 특히 자연에서 채취한 다양한 야생 버섯의 이용이 높아지고 있으나, 여름 장마가 시작하면서 독버섯 중독사고의 발생도 증가 추세에 있어 주의가 필요하다.

기후 변화의 영향으로 예전과는 다르게 버섯의 발생 양상이 변하고 있기 때문에 독버섯 중독사고 추이가 변하는 것도 그 이유 중에 하나다. 장마철에는 대기의 습도가 높아 낙엽이나 목재를 썩히는 독버섯이 많이 자라고, 초가을부터는 일교차가 심한 계절적 특성 때문에 전국 어디에서나 나무와 공생하는 독버섯이 생긴다. 특히 가을에는 추석을 전후로 성묘객들의 산행이 잦아지면서 중독사고가 가장 많이 발생하는 시기이므로 주의해야 한다.

우리나라 자생 버섯 중 가을에 흔히 볼 수 있는 야생 식용버섯은 능이, 까치버섯, 흰굴뚝버섯, 송이, 외대덧버섯, 끈적버섯류(일반명 가지버섯), 느타리, 그물버섯류 등 80여 종이며, 식용버섯과 모양이 유사하여 중독사고의 원인으로 조사된 독버섯은 검은쓴맛그물버섯, 굽은외대버섯, 갈황색미치광이버섯, 싸리버섯류, 광대버섯류, 비늘버섯류 등 30여 종이 자생한다.

중독사고 원인 독버섯은 지역별로 차이를 보인다. 강원도와 경기도 지역에서 중독사고를 일으키는 독버섯으로는 독우산광대버섯 · 마귀곰보버섯 · 뽕나무버섯류 · 비늘버섯류 · 싸리버섯류가 대부분이며, 충청남북도와 전라남북도에서는 검은쓴맛그물버섯 · 굽은외대버섯 · 마귀광대버섯 · 갈황색미치광이버섯 · 사슴뿔버섯 등의 독버섯이 많이 발견된다. 경상남북도 지역에서는 개나리광대버섯 · 독우산광대버섯 · 점박이광대버섯류 · 싸리버섯류, 그리고 제주도는 흰독큰갓버섯 등이 중독사고의 원인 독버섯으로 조사되었으므로 주의해야 한다.

또 흔히 약용으로 이용하거나 열매를 식용하는 나무 주변에 발생하는 버섯류는 모두 식용버섯으로 잘못 알고 있는 경우가 있어서 독버섯 중독사고가 많이 발생하기도 한다. 하지만 가장 맹독성의 버섯인 개나리광대버섯과 독우산광대버섯 같은 광대버섯류는 도토리가 열리는 참나무숲에서 자생하는 것처럼 독버섯은 기주(寄主, host)의 식용 여부와 상관없이 발생된다.

침엽수 아래 토양에 자생하는 검은쓴맛그물버섯이나 황금씨그물버섯도 주의해야 할 독버섯들이다. 그리고 최근에 영지버섯의 유균과 혼동하여 중독사고를 빈번하게 일으킨 붉은사슴뿔버섯은 소나무 그루터기에 자생한다.

독버섯은 종류에 따라 함유하는 독성분이 각기 다르다. 그중에서도 한 개만 먹어도 죽음에 이르는 아마톡신 버섯류가 여름에서 가을까지 발생하므로 특히 주의해야 하며, 그 외에도 복통이나 설사, 구토와 같은 위장관 증상을 주로 일으키는 나팔버섯 등도 많이 발생되며, 정신신경계 독소를 내포하여 환각이나 수면을 일으키는 검은쓴맛그물버섯도 발견된다.

{ 버섯의 특성 }

버섯은 진균류 중에서 영양생장세대(vegetative)에는 균사체(hyphae)로 살아가다가 생식생장세대(유성세대, repro-ductive)에서 자실체(버

버섯의 균사체

버섯의 자실체

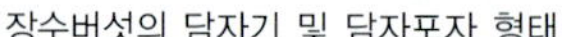

장수버섯의 담자기 및 담자포자 형태

밤그물버섯의 담자포자 형태

섯, Fruiting body)를 만드는 균을 말한다.

버섯류의 분류학적 구분은 '국제식물명명규약 균류편'에 의해 규정되어 있다. 버섯의 가장 큰 갈래는 자실체의 유성포자(teleomorpic stage) 형성기관의 형태에 의한 구분이다. 국내에서 발생하는 대부분의 중독사고 원인 버섯이 포함된 담자균문(Basidiomycota)의 버섯은 포자형성기관이 담자기(basidia)로 이루어진 모든 균을 말한다.

버섯의 형태 특성을 기준으로 나눈 분류학적 구분

1. 담자균문에 속한 버섯류는 이담자균강(Heterobasidiomycetes) 버섯류와 진정담자균강(Homobasidiomycetes) 버섯류로 크게 나뉜다.

   1) 이담자균강에 속한 버섯은 우리가 중국요리에서 자주 볼 수 있는 목이류의 버섯이다. 이들 그룹에 속한 버섯류는 담자기의 형

목이목(털목이)

흰목이목(흰목이)

붉은목이목(혀버섯)

붉은목이목(싸리아교뿔버섯)

[이담자균강]

태가 여러 가지로 구분되어 있다. 특히 포자형성기관이 갓 안쪽 면 또는 양쪽 면에 있으며, 자실체의 조직이 아교질로 되어 있어 건조하면 거의 형체가 불분명하게 종이처럼 얇아지고, 습하면 다시 원래 형태로 회복된다. 담자기에 격막 또는 분지가 있다. 목이류는 담자기의 모양에 따라 3목으로 나뉘며 국내 자생 버섯 중에는 독버섯으로 보고된 종은 없다.

2) 진정담자균강에 속한 버섯은 균심아강(Hymenomycetidae)의 버섯류와 복균아강(Gasteromycetidae)의 버섯류로 구분한다.

(1) 균심아강 버섯류는 유성포자를 스스로 사출(discharge)하는 균으로서 포자문(spore print)을 받을 수 있는 분류균의 버섯이다. 아래에 언급한 것처럼 대표적인 2개의 목으로 구분한다.

가. 민주름버섯목(Aphyllophorales)

① 민주름버섯 중 조직이 부드러운 일년생의 버섯은 포자형성기관이 관공, 침, 산호형, 분지형 등이 있으며 평활하다. 조직이 생식균사(generative hyphae)로 이루어진 제1균사형(monomitic)의 버섯이 대부분이며 조직의 느낌이 부드럽고 잘 찢어지거나 쉽게 부서진다.(p.19 참조)

② 민주름버섯 중 조직이 딱딱한 일년생의 버섯은 자실체를 형성하는 조직의 구성이 생식균사와 결합균사(binding hyphae), 생식균사와 골격균사(skeletal hyphae)로 구성된 제2균사형(dimitic)의 버섯이 있으며, 생식균사, 결합균사와 골격균사가 조직을 구성하는 제3균사형(trimitic)의 버섯이 있다. 조직의 느낌이 가죽질화, 목질화, 갯솜질화되어 있어 만지면 딱딱하고 질기다. 다년생의 버섯보다는 크기가 작고 무리지어 발생하는 형태가 많다.(p.20 참조)

③ 민주름버섯 중 조직이 딱딱한 다년생의 버섯은 조직의 구

성이 생식균사와 결합균사, 생식균사와 골격균사로 구성된 제2균사형의 버섯과 생식균사, 결합균사와 골격균사가 조직을 구성하는 제3균사형의 버섯이다. 조직의 느낌이 가죽질화, 목질화, 갯솜질화되어 있어 만지면 딱딱하고 질기다.(p.21 참조)

나. 주름버섯목(Agaricales) : 포자형성기관은 주름살 또는 관공

헌구두솔버섯 까치버섯

노란국수버섯 노루궁뎅이

[민주름버섯 중 조직이 부드러운 일년생의 버섯]

으로 이루어져 있으며, 조직은 주로 생식균사만 있는 제1균사형으로 이루어져 있어 부드럽다. 담자기에 격막이나 분지는 없다. 대부분의 독버섯은 이 그룹에 속한다.(p.22 참조)

(2) **복균아강**(Gasteromycetidae)의 버섯류는 포자를 스스로 비산할 수 있는 능력이 없다. 그래서 포자비산을 위해 빗방울이나 바람 등 물리적인 힘을 이용하여 포자를 날리거나 포자에 곤

긴송곳버섯 한입버섯

송곳니구름버섯 간버섯

[민주름버섯 중 조직이 딱딱한 일년생의 버섯]

충을 유인하는 점액성 물질을 동시에 생성하여 곤충의 몸에 묻혀 포자를 날리게 한다. 이 중 독버섯은 흰오징어버섯, 점박이어리알버섯 등이 속한다.(p.23 참조)

2. 자낭균문(Ascomycota)의 버섯은 포자형성기관이 자낭(ascus)으로 이루어진 모든 균을 말한다. 버섯류는 주로 핵균강과 반균강에 속한다.(p.24 참조)

잔나비불로초 목질진흙버섯 차가버섯 말굽버섯

[민주름버섯 중 조직이 딱딱한 다년생의 버섯]

1) 핵균강(Pyrenomycetes)은 자낭과에서 자낭각을 형성하는 균류로 자낭각이 작고 대형의 자좌(stroma)를 형성하는 것도 있다. 주로 동충하초의 버섯류가 여기에 속한다.(p.24 참조)

2) 반균강(Discomycetes)은 자낭반을 가지고 있으며 성숙하면 자실층을 외부에 나출하는 자낭과를 형성하는 균류이다. 예외적으로 지하에 자실체를 만드는 덩이버섯(트러플, truffle, Tuberales)

기와버섯

붉은비단그물버섯

분홍느타리

종이꽃낙엽버섯

[주름버섯목]

말불버섯

방귀버섯

꽃나리버섯

노랑망태버섯

[복균아강]

말뚝버섯목의 포자의 형태

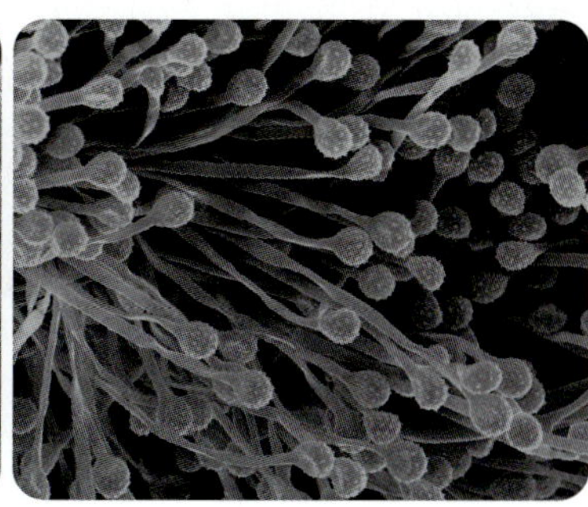

긴꼬리 말불버섯의 포자의 형태

은 자실층을 나출시키지 않는다. 자실체는 대가 있거나 없고 대형 버섯이 많다. 자낭균류에서 대부분 버섯이 반균강에 속한다. 독버섯에 속한 버섯류는 곰보버섯의 유균, 마귀곰보버섯, 안장버섯 등이 속한다.(p.25 참조)

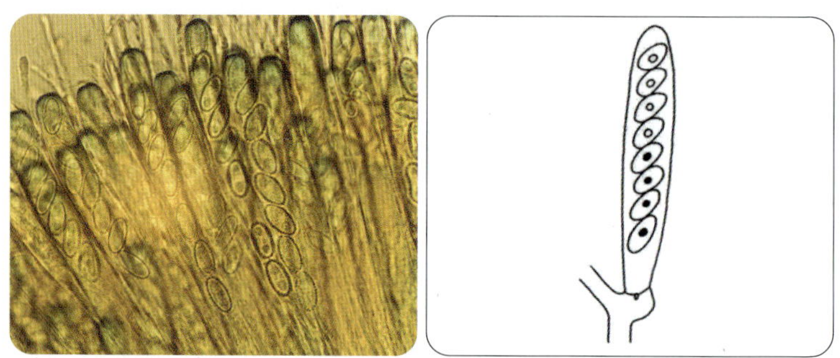

자낭(ascus, 子囊) 및 자낭포자

유충긴머리동충하초 동충하초 벌동충하초

[핵균강]

털작은입술잔버섯 콩두건버섯

덧술잔안장버섯 들주발버섯

[반균강]

버섯류의 생활 양상에 의한 구분

버섯은 양분 흡수방식에 따라 공생균과 분해균, 기생균으로 구분할 수 있다.

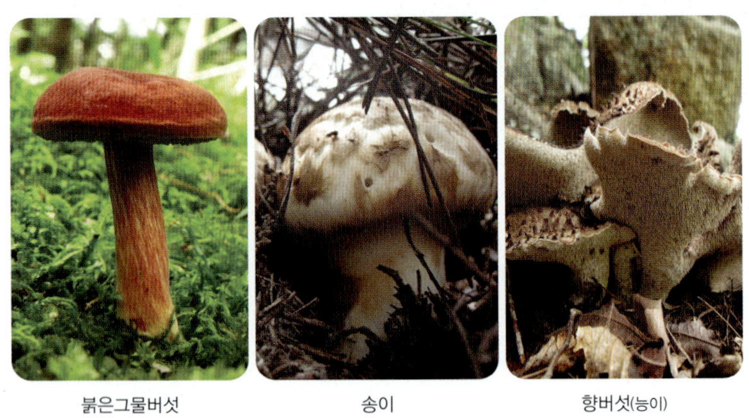

붉은그물버섯 | 송이 | 향버섯(능이)

[공생균]

1. 공생균(ectomycorhizae)은 주로 목본과 양분을 공유하며 외생균근(ectomycorrhizae)을 형성한다. 균사가 목본류의 뿌리 조직 외부에 존재하고 식물뿌리를 보호하며, 기주의 수분과 무기물의 흡수를 도와주고 나무에 양분(당 등)을 전달하는 흡수영양의 균이다.

2. 분해균(saprophyte)에 속한 버섯류는 균사가 기주에 기생하며 기주를 분해하고 양분을 섭취하는 종속영양의 균이다. 주로 사물기

주름버섯

흰우단버섯

볏짚소똥버섯

다람쥐눈물버섯

[분해균]

생균이 여기에 속하며 유기물을 분해하는 양송이 등도 여기에 속한다.

3. 활물기생균(parasite)은 살아있는 기주에 침입하여 기주를 고사시키며 종속영양을 하는 균이다.

뽕나무버섯 뽕나무버섯부치

해면버섯 양주잔균핵버섯

[활물기생균]

기주의 양분 분해 양상에 의한 구분

1. 백색부후균(white rot fungi)은 기주의 리그닌을 분해하여 기주를 백색톤으로 만드는 균이다.

2. 갈색부후균(brown rot fungi)은 기주의 셀룰로스와 헤미셀룰로스를 주로 분해하여 목재를 갈색톤으로 변하게 하는 균이다.

표고

구름버섯

끈적긴뿌리버섯

잔나비불로초

[백색부후균]

잣버섯 / 해면버섯 / 갈색꽃구름버섯 / 소나무잔나비버섯

[갈색부후균]

버섯의 발생 양상에 의한 구분

버섯은 발생 양상에 따라 군집 유형으로 구분하기도 한다.

1. 단생(solitary)은 개체가 한 개씩 발생하는 것을 말하며 무당버섯

단생 산생

군생 속생

복생 균륜

[버섯 발생 형태에 따른 구분]

류, 젖버섯류, 땀버섯류, 광대버섯류가 주로 속한다.

2. 산생(scattered)은 일정 지역에서 단생하는 버섯의 개체가 여러 개 발생되는 것을 말하며 말뚱버섯류, 종버섯류, 큰갓버섯 등이 주로 속한다.

3. 군생(gregarious)은 단생하거나 속생하는 버섯들이 무리지어서 발생하는 형태이며, 말불버섯, 낙엽버섯, 애기버섯 등이 주로 여기에 속한다.

4. 속생(connate)은 다발로 발생하는 형태이며, 느타리, 팽이, 양송이, 갈황색미치광이버섯 등이 여기에 속한다.

5. 복생(imbricate)은 자실체가 겹쳐서 발생하는 형태를 말하며, 삼색도장버섯, 구름버섯, 진흙버섯속의 버섯류 등이 주로 여기에 속한다.

6. 균륜(fairy ring)은 자실체가 동그랗게 원을 그리면서 발생하는 형태이다. 버섯 발생 형태가 요정이 춤추듯 동그랗게 나 있어 '요정의 고리'라고 부르기도 한다. 균륜를 형성하는 버섯들 중 잔디밭이나 골프장에서 발생하는 경단버섯 · 자주방망이버섯류 · 낙엽버섯류 등이며, 기주가 목본류인 버섯들은 송이 · 깔때기버섯류 · 무당버섯류 · 광대버섯류 등이 여기에 속한다.

{ 식용버섯과 독버섯의 구별법 }

식용버섯과 독버섯의 구별법은 따로 있는 것이 아니다. 버섯도 다른 생물과 마찬가지로 형태적인 특성에 의해 종(species)을 구분한 후 국내 · 외 발표된 문헌을 통하여 식용버섯과 독버섯의 여부를 판단하고 있다. 특히 버섯은 현미경으로 관찰해야 하는 미세구조의 특성이 종

을 결정하는 주요인이 되는 경우가 많으므로 항상 정확한 종 동정을 위해서는 미세구조를 확인할 수 있는 표본을 보관한 후 버섯의 이름을 확인할 수 있는 전문기관을 방문하여 종 구분을 해야 한다. 버섯의 일반적인 외형은 그림(버섯의 부위별 명칭)과 같으나, 일부 버섯들은 전혀 다른 모양을 나타내기도 한다. 일반적인 버섯들은 외형상 위쪽부터 갓, 사마귀점, 주름살, 대, 턱받이, 대주머니로 구성된다.

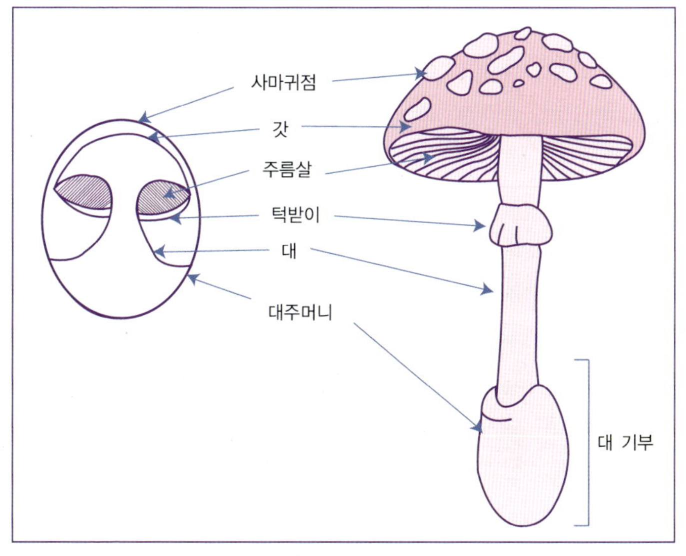

버섯의 부위별 명칭

※ 버섯의 이름을 정확하게 알기 위해서는

1. 포자문을 받아 포자의 색을 확인한다.
2. 갓과 대의 색깔과 모양을 확인한다.
3. 갓에서 대까지 잘랐을 때 주름살의 부착 상태를 알아야 한다.
4. 주름살이나 관공의 색을 확인한다.
5. 상처를 주었을 때 갓과 주름살 및 대조직의 색 변화를 확인한다.

6. 턱받이(a)와 대 기부의 대주머니(b) 유무와 형태를 확인한다.
7. 조직의 일부를 손으로 비벼서 냄새를 맡아 본다.
8. 현미경적인 특성인 포자와 그 외 미세구조를 확인한다.

1

2 3 4

5 6(a) 6(b)

[버섯의 이름 알아보는 방법]

일반인이 버섯의 색깔과 모양, 벌레가 먹는 것의 유무, 찢어지는 양상 등으로 식용버섯과 독버섯을 구분할 수 있다는 오류를 범하고 있기 때문에 가끔씩 독버섯 중독사고가 발생하고 있다. 한국인이 흔히 접하는 식용버섯의 종류와 유사한 독버섯들이 많으므로 야생에서 버섯을 채취하는 경우에는 반드시 주의해야 한다. 잘못 알려진 식용버섯과 독버섯의 구별법은 아래와 같다.

식용버섯	독버섯
• 색이 화려하지 않고 원색이 아닌 것 • 세로로 잘 찢어지는 것 • 유액이 있는 것 • 대에 띠가 있는 것 • 곤충이나 벌레가 먹은 것 • 요리에 넣은 은수저가 변색되지 않는 것	• 색이 화려하거나 원색인 것 • 세로로 잘 찢어지지 않는 것 • 대에 띠가 없는 것 • 벌레가 먹지 않은 것 • 요리에 넣은 은수저가 변색되는 것 • 가지나 들기름을 넣으면 독성이 없어진다는 생각

{ 한국의 야생 독버섯 }

독버섯은 독성분에 따라서 크게 8가지 유형으로 구분한다. 국내에 서식하는 주요 독버섯은 다음 표와 같다. 독버섯에 중독되는 경우에 독버섯 섭취 후부터 중독증상이 발현하는 시간까지로 예후를 예측할 수 있는데, 섭취 후부터 6시간 이내에 중독증상이 발현하는 경우에는 사망률이 비교적 낮으며, 6시간 이후에 중독증상이 발현하는 경우에는 사망률이 높은 경우가 많다. 특히 아마톡신 중독(Amatoxin poisoning)의 경우에는 사망률이 높으므로 환자의 중증도에 관계없이 입원하여 관찰하는 것이 바람직하다.

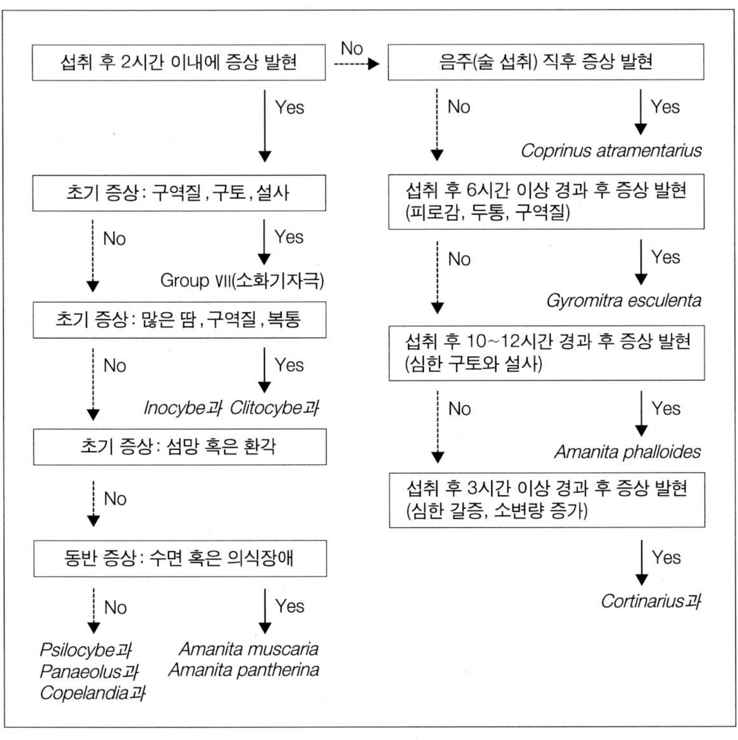

중독증상과 발현시간별 독버섯의 감별
(from Lampe KF. Paediatrician 1977;6:290)

국내 독버섯의 종류 : 중독을 유발하는 독소(toxin)에 따른 분류

독소		독버섯
I	트리코테신 (trichothecenes)	붉은사슴뿔버섯 (*Podostroma cornu-damae*)
II	아마톡신 (amatoxin, α−amanitin)	갈잎에밀종버섯(*Galerina helvoliceps*) 개나리광대버섯(*Amanita subjunquillea*) 독우산광대버섯(*Amanita virosa*)

독소		독버섯
II	아마톡신 (amatoxin, α−amanitin)	두건에밀종버섯(*Galerina calyptrata*) 밤색갓버섯(*Lepiota castanea*) 양파광대버섯(*Amanita abrupta*) 절구버섯아재비(*Russula subnigricans*) 턱받이종버섯(*Conocybe filaris*) 황토에밀종버섯 (*Galerina vittiformis* var. *vittiformis*) 흰알광대버섯(*Amanita verna*) 흰오뚜기광대버섯 (*Amanita castanopsidis*)
III	지로미트린 (gyromitrin, monomethylhydrazine; MMH)	게딱지버섯(*Discina perlata*) 곰보버섯(*Morchella esculenta*) 마귀곰보버섯(*Gyromitra esculenta*) 안장마귀곰보버섯(*Gyromitra infula*) 와인잔버섯(*Paxina acetabulum*)
IV	코프린 (disulfiram-like toxins)	갈색먹물버섯(*Coprinus micaceus*) 두엄먹물버섯(*Coprinus atramentarius*) 배불뚝이깔때기버섯(*Clitocybe clavipes*)
V	무스카린 (muscarine)	바늘땀버섯(*Inocybe calospora*) 비듬땀버섯(*Inocybe lacera*) 삿갓땀버섯(*Inocybe asterospora*) 솔땀버섯(*Inocybe fastigiata*) 잿빛깔때기버섯(*Clitocybe nebularis*) 흰땀버섯(*Inocybe umbratica*)
VI	이보텐산−무시몰 (isoxazole derivatives, ibotenic acid, muscimol)	마귀광대버섯(*Amanita pantherina*) 파리버섯(*Amanita melleiceps*)
VII	환각 hallucinogenic toxins (psilocybin, psilocin)	계란모자버섯(*Anellaria semiovata*) 갈황색미치광이버섯 (*Gymnopilus spectabilis*) 검은띠말똥버섯(*Panaeolus subbalteatus*) 검은쓴맛그물버섯(*Tylopilus nigerrimus*) 노란종버섯(*Conocybe lactea*)

독소		독버섯
Ⅶ	환각 hallucinogenic toxins (psilocybin, psilocin)	목장말똥버섯(*Panaeolus papilionaceus*) 좀환각버섯 (*Psilocybe coprophila* var. *coprophila*)
Ⅷ	위장관 자극 gastrointestinal toxins	갈색고리갓버섯(*Lepiota cristata*) 갓그물버섯(*Pulveroboletus ravenelii*) 광비늘주름버섯 (*Agaricus praeclaresquamosus*) 긴골광대버섯아재비 (*Amanita longistriata*) 깔때기무당버섯(*Russula foetens*) 꽃잎우단버섯(*Paxillus curtisii*) 노란각시버섯(*Leucocoprinus birnbaumii*) 노란꼭지버섯(*Inocephalus murrayi*) 노란다발(*Naematoloma fasciculare*) 노란젖버섯(*Lactarius chrysorrheus*) 노랑싸리버섯(*Ramaria flava*) 땅비늘버섯(*Pholiota terrestris*) 맑은애주름버섯(*Mycena pura*) 무당버섯(*Russula emetica*) 밤자갈버섯(*Hebeloma vinosophyllum*) 뱀껍질광대버섯(*Amanita spissacea*) 볼록포자갓버섯(*Lepiota ventriosospora*) 붉은꼭지버섯(*Entoloma quadratum*) 붉은산무명버섯 (*Hygrocybe conica* f. *conica*) 붉은싸리버섯(*Ramaria formosa*) 비늘버섯(*Pholiota squarrosa*) 산속그물버섯아재비 (*Boletus pseudocalopus*) 삿갓외대버섯(*Entoloma rhodopolium*) 새주둥이버섯(*Lysurus mokusin*) 암회색광대버섯 (*Amanita pseudoporphyria*) 애기무당버섯(*Russula densifolia*) 애우산광대버섯(*Amanita farinosa*) 은행잎우단버섯(*Paxillus panuoides*) 자주색싸리버섯(*Ramaria sanguinea*) 절구버섯(*Russula nigricans*)

독소		독버섯
VIII	위장관 자극 gastrointestinal toxins	점박이어리알버섯 (*Scleroderma areolatum*) 좀우단버섯(*Paxillus atrotomentosus*) 주름우단버섯(*Paxillus involutus*) 주홍여우갓버섯 (*Leucoagaricus rubrotinctus*) 침비늘버섯(*Pholiota squarrosoides*) 큰비늘땀버섯(*Inocybe calamistrata*) 큰우산버섯 (*Amanita vaginata* var. *punctata*) 큰주머니대광대버섯(*Amanita volvata*) 턱받이광대버섯(*Amanita spreta*) 턱받이금버섯(*Phaeolepiota aurea*) 화경솔밭버섯(*Lampteromyces japonicus*) 황금싸리버섯(*Ramaria aurea*) 흑비늘송이(*Tricholoma virgatum*) 흙무당버섯(*Russula senecis*) 흠집남빛젖버섯(*Lactarius scrobiculatus*) 흰갈대버섯(*Chlorophyllum molybdites*) 흰꼭지외대버섯(*Entoloma album*) 흰독큰갓버섯 (*Macrolepiota neomastoidea*) 흰무당버섯아재비(*Russula japonica*) 흰오징어버섯(*Aseroë arachnoides*)

1. 트리코테신 중독을 일으키는 버섯류

2. 아마톡신 중독을 일으키는 버섯류

3. 지로미트린 중독을 일으키는 버섯류

4. 코프린 중독을 일으키는 버섯류

5. 무스카린 중독을 일으키는 버섯류

6. 이보텐산 – 무시몰 중독을 일으키는 버섯류

7. 환각 중독을 일으키는 버섯류

8. 위장관 자극 중독을 일으키는 버섯류

제 1 부

중독을 일으키는 버섯의 분류

트리코테신 중독을 일으키는 버섯류 01

trichothecenes

최근에 국내에서 발생한 독버섯 중독사고 중 소량으로 치사율이 가장 높은 중독에 해당된다. 버섯류에서는 붉은사슴뿔버섯(*Podostroma cornu-damae*)에 독성분이 함유되어 있는 것으로 알려져 있다. 트리코테신은 밀, 오트밀, 옥수수 등에 주로 *Fusarium* 곰팡이(*F. graminearum, F. sporotrichioides, F. poae, F. equiseti*)들에 의해 생성된다. 젖은 셀룰로스(목재, 종이 등)에서 잘 자라는 *Stachybotrys chartarum* 곰팡이들도 트리코테신 독소를 생성한다. 따라서 이들은 건물 안에서 만들어져 포자 및 독소가 비산하여 실내오염을 일으키기도 한다.

트리코테신 중독을 일으키는 독버섯과 혼동하기 쉬운 식용버섯

식용버섯	독버섯
어린 불로초(*Ganoderma lucidum*) 녹각영지(*Ganoderma lucidum*) 동충하초(*Cordyceps militaris*) 붉은창싸리버섯(*Clavulinopsis miyabeana*)	붉은사슴뿔버섯 (*Podostroma cornu - damae*)

임상독성학

1) 독성 분류 : trichothecenes

A형 트리코테신(예: T-2 toxin, HT-2 toxin, diacetoxyscirpenol)이 B형

트리코테신(예: deoxynivalenol, nivalenol, 3-과 15-acetyldeoxynivalenol)보다 독성이 더 커서 보건적으로 문제가 더 크다.

2) 독성 약역학

satratoxin H, roridin E, verrucarin 등의 트리코테신이 들어 있는 붉은사슴뿔버섯은 치사성의 강력한 독성을 가지고 있다. 트리코테신은 구 소련군이 화학무기로 사용하여 유명해졌다. 1970년대 월남이 패망하고 이웃한 라오스에도 친소정권이 들어서면서 친미 반군들을 소탕할 때 소련군은 황우(黃雨, Yellow Rain)라고 하는 생화학물질을 살포하였다. 또한 강력한 면역억제작용이 있어 사람 및 가축 등에 심각한 피해를 줄 수 있다.

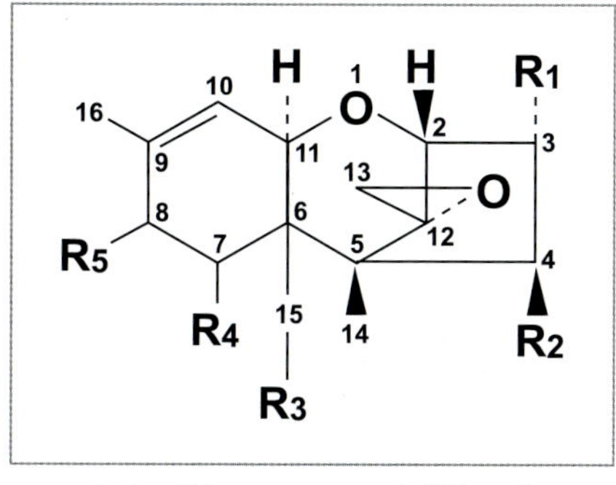

트리코테신(trichothecenes)의 화학구조식

3) 중독증상

식후 30분 정도에 오한, 복통, 두통, 손발 저림, 구토, 설사, 목마름 등 위장계부터 신경계 증상이 나타난다. 그 후 신부전, 호흡기부전, 순환기부전, 뇌장해 등 전신에 증상이 나타나고 사망에 이른다. 안면탈피와 점막 짓무름, 탈모 등 표면에 나오는 증상이 특징적이고, 독성분의 피부자격성이 높으므로 즙을 피부에 닿게 하면 좋지 않다. 골수내 조혈세포의 감소와 말초혈액의 백혈구 감소가 특징 질환인 재생불량성빈혈 증상이 나타나기도 하며, 인후통, 급성편도염 등이 나타난다. 현저한 백혈구 감소와 혈소판 감소를 보인다. 섭취량과 섭취를 한 사람의 건강상태에 따라서 중독증상은 다르게 나타난다.

4) 치료

붉은사슴뿔버섯에 의한 중독사고는 생버섯 또는 말린 상태에서 차로 달여 마신 경우가 대부분이다. 섭취 직후 조속히 구토를 유발하는 것이 바람직하다. 그러나 독성분과 비교 시 섭취 30분 이후부터 증상이 나타나므로 구토 유발이 늦어지면 치료에 큰 도움이 되지 않는다. 버섯에 의한 재생불량성빈혈이 나타난 경우 정맥 내 항생제 치료를 시행하고 백혈구 감소의 치료로 과립구집락 촉진인자(Neutrogin®)를 주사하였고 혈소판 감소의 치료는 혈소판 수혈을 시행하여 치료된 예(하일우 등 4인, 2010, 찔레버섯 중독으로 인한 급성 구개편도염 및 아데노이드염 2예. Korean J Otorhinolaryngol-Head Neck Surg)가 기록되어 있다.

[식용버섯인 녹각영지 등]

녹각영지

동충하초

어린 불로초

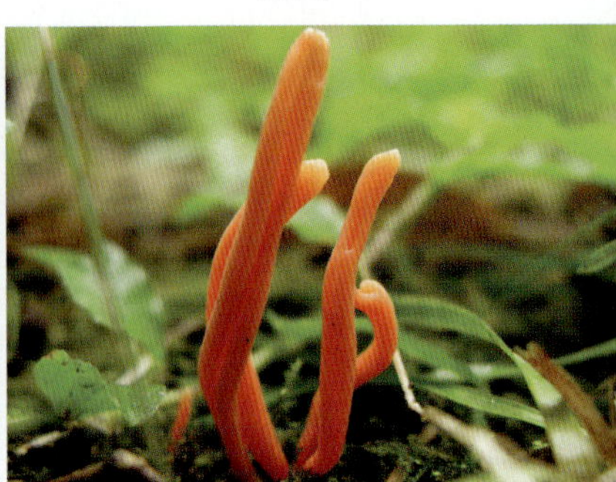
붉은창싸리버섯

아마톡신 중독을 일으키는 버섯류 amatoxin 02

독버섯 성분 중 아마톡신으로 사망한 국내 사례의 대부분은 흰알광대버섯(*Amanita verna*), 알광대버섯(*Amanita phalloides*), 독우산광대버섯(*Amanita virosa*), 개나리광대버섯(*Amanita subjunquillea*) 등에 의한 것이다. 이외에도 양파광대버섯(*Amanita abrupta*), 큰주머니대광대버섯(*Amanita volvata*), 절구버섯아재비(*Russula subnigricans*) 등이 아마톡신을 함유하는 독버섯으로 알려져 있다. 이러한 독버섯과 혼동하기 쉬운 식용버섯은 다음과 같다.

아마톡신 중독을 일으키는 독버섯과 혼동하기 쉬운 식용버섯

식용버섯	독버섯
꾀꼬리버섯(*Cantharellus cibarius*)	개나리광대버섯(*A. subjunquillea*)
무리우산버섯(*Kuehneromyces mutabilis*)	갈잎에밀종버섯(*G. helvoliceps*)
밀버섯(*Collybia cofluens*)	턱받이종버섯(*C. filaris*)
애기무당버섯(*Russula densifolia*) 주름버섯(*Agaricus campestris*) 큰갓버섯(*Macrolepiota procera*) 흰달걀버섯(*Amanita hemibapha* subsp. *alba*) 흰우산버섯(*Amanita vaginata*) 흰주름버섯(*Agaricus arvensis*)	독우산광대버섯(*A. virosa*) 흰알광대버섯(*A. verna*)
	흰가시광대버섯(*A. virgineoides*) 흰오뚜기광대버섯(*A. castanopsidis*)

※ 흰가시광대버섯은 문헌상 식용버섯이 아닌데도 우리나라 일부 지방에서 '닭다리버섯'이라고 부르면서 식용하고 있다. 그런데 식용버섯이라고 기록된 곳은 전혀 찾아볼 수가 없으며, 실제로 먹었을 경우에 선인장 가시를 한주먹 입에 넣은 것처럼 입을 자극하는 증상이 있다. 또한 흰오뚜기광대버섯을 흰가시광대버섯으로 오인해서 식용하는 경우도 있으니 각별히 주의해야 한다.

[식용버섯인 꾀꼬리버섯]

[식용버섯인 노란달걀버섯]

[꾀꼬리버섯(좌)과 노란달걀버섯(우)]

[식용버섯인 무리우산버섯]

[식용버섯인 밀버섯]

[식용버섯인 주름버섯]

[식용버섯인 큰갓버섯]

[식용버섯인 흰달걀버섯]

[독버섯이지만 수원 등지에서 식용하는 흰가시광대버섯]

임상독성학

1) 독성 분류 : amatoxin poisoning

아마톡신(amatoxin)과 팔로톡신(phallotoxin)이 주로 독성을 나타낸다. 아마톡신은 매우 작은 농도로 핵질 내에서 RNA polymerase II를 억제하고 RNA와 DNA 전사(transcription)를 방해한다. 팔로톡신은 미세필라멘트(특히, F-actin)와 결합하여 액틴(actin)을 비가역적으로 중합시켜 담즙 정체를 야기한다.

2) 독성 약역학

아마톡신은 위장관으로 빠르게 흡수되고 환자의 혈청과 소변에서 표지면역검정법(radioimmunoassay)에 의해 검출될 수 있다. 아마톡신은 24시간 내에 혈청에서는 없어지나 담즙 배설을 하기 때문에 위 내용물에는 48시간 이상 남아 있을 수 있다. 장간순환(enterohepatic circulation)과 사구체 여과액의 재흡수가 독성을 증가시킨다. 아마톡신은 소변으로 빠르게 배설되며 산모의 태반을 통과하지는 않는 것으로 알려져 있다.

3) 중독증상

버섯을 섭취한 이후 6~24시간이 경과하면서 중독증상이 나타나는데 평균 10~12시간 정도 걸린다.

증상이 발현하기까지는 대개 위장염 단계(gastroenteritis phase), 잠복기 단계(latent phase), 간신부전 단계(hepatorenal phase)로 구분한다.

(1) **위장염 단계** : 콜레라와

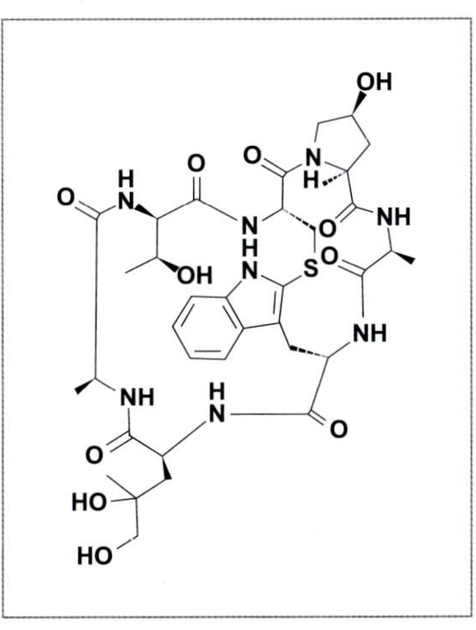

팔로이딘(phalloidin)의 화학구조식

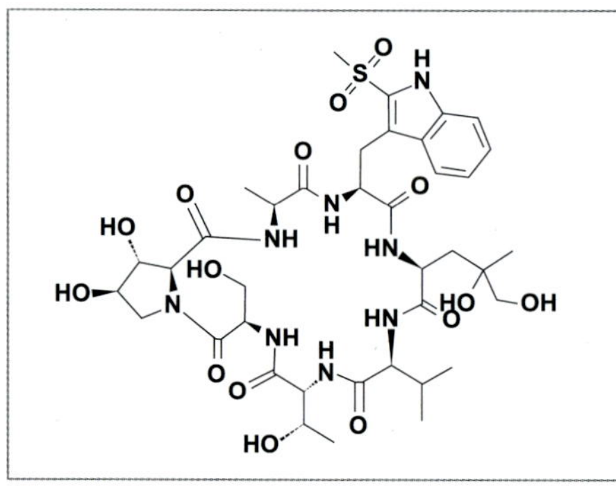

비로이딘(viroidin)의 화학구조식

유사한 설사가 나타나는 시기로서 24시간 정도 지속된다. 특징으로는 갑자기 복통이 발현하면서 오심, 구토, 출혈성 설사가 나타난다. 발열, 빈맥, 고혈당증, 탈수, 전해질 장애 등이 발생할 수 있다.

(2) **잠복기 단계** : 적절한 수액 처치와 전해질 교정이 시행되면 증상이 호전되는 시기로서 약 12~24시간 지속된다. 그러나 간 기능이 서서히 악화되기 시작하므로 주의해야 하며, 많은 의료진들이 이러한 잠복기에 환자를 퇴원시키는 실수를 범하게 된다.

(3) **간신부전 단계** : 버섯을 섭취한 이후 3~4일이 경과한 시기로서 간부전증의 징후(황달, 의식장애, 저혈당증, 간성혼수 등)가 나타나며, 신부전증이 동반하는 경우에는 사망률이 급격히 높아진다.

4) 진단

(1) **맥스너 시험**(Meixner test) : 버섯의 즙을 추출하여 아마톡신(amatoxin) 유무를 확인하는 방법이지만 위음성이 나타날 수 있으며, 방법은 다음과 같다.

① 버섯을 짜서 한 방울을 신문지 위에 떨어뜨린다.

② 물방울 가장자리를 표시하고 건조기(hair dryer 등)로 말린다.

③ 말린 곳에 농축된 염화수소(hydrochloric acid) 한 방울을 떨어뜨린다.

④ 아마톡신(amatoxin)이 함유된 버섯이라면 청색으로 변한다.

(2) **박층크로마토그래피법**(thin-layer chromatography assay) : α-amanitine level 50㎍/mL까지 측정한다.

(3) **표지면역검정법**(radioimmunoassay) : 위액, 혈액, 소변의 아마톡신(amatoxin) level 0.5㎍/mL까지 측정한다.

5) 치료

(1) **오염 제거** : 섭취 직후 조속히 구토를 유발하는 것이 바람직하지만, 섭취 4시간 이후에는 구토 유발이 치료에 도움되지 않는다. 대부분의 경우 버섯 섭취 후 4시간 이후에 증상이 발현되므로 초기에 설사제를 경구로 투여하고, 섭취 후 48시간 동안 반복적으로 활성탄을 경구로 투여한다. 단, 의식이 명료하지 않은 경우에는 기도를 확보한 후에 투여해야 한다.

① 설사제 : 성인은 70% 솔비톨(sorbitol) 1~2mL/kg을 경구 투여하거나 10% 마그네슘 구연산염(magnesium citrate) 250mL를 경구로 투여한다. 소아는 35% sorbitol 4.3mL/kg 혹은 10% magnesium citrate 4mL/kg을 경구 투여한다.

② 활성탄 : 성인의 경우에는 초기에 활성탄 50~100g을 투여하고, 1~4시간 간격으로 12.5~20g을 반복적으로 투여한다. 5세 이하 소아의 경우에는 초기에 10~25g을 투여하고, 1~4시간 간격으로 체중당 0.7~1g을 투여한다.

(2) **제거 촉진** : 특별한 효과적인 제거법(복막투석, 혈액투석, 체외순환 등)은 없다.

(3) **보존치료** : 우선 수액과 전해질 교정이 필요하다. 저혈당이 흔히 발생할 수 있으므로 의식변화가 있는 경우 포도당을 정맥주사한다. 또한 위장관 출혈이 있을 경우에는 수혈 및 혈소판 투여, 비타민 K 정맥주사가 필요하다.

(4) **간부전 시** : 간이식술이 필요할 수 있다.

(5) 해독제

① 아마톡신 섭취 억제제(amtatoxin uptake inhibitor) : 실리비닌

(silibinin)이 있을 경우 실리비닌을 우선적으로 사용한다. 만약 실리비닌이 없다면 페니실린(penicillin) G를 사용한다.

- 실리비닌 : 초기에 부하용량(loading dose) 5㎎/kg을 정맥주사한 후 6일 동안 또는 환자가 회복되는 임상적 징후를 보일 때까지 하루에 20㎎/kg씩 연속적으로 정맥주사한다.
- 페니실린 G : 하루에 300,000～1,000,000units/kg을 연속적으로 정맥주사한다.

② 항산화 치료(antioxidant therapy)

- N-아세틸시스테인(N-acetylcysteine) : 초기 1시간 동안 부하용량 150㎎/kg을 정맥주사하고, 그 다음 4시간 동안 매시간 12.5㎎/kg을 정맥주사하며, 마지막 16시간은 매시간 6.25㎎/kg을 정맥주사한다.
- 시메티딘(Cimetidine) : 임상적으로 호전될 때까지 8시간마다 300㎎을 정맥주사한다.
- 비타민(Vitamin) C : 임상적으로 호전될 때까지 매일 3g을 정맥주사한다.

(6) **환자 감시** : 임상적 호전이 나타날 때까지 혈액검사(CBC, electrolyte, BUN, creatinine, prothrombin time, bilirubin, glucose)와 소변검사를 매일 시행한다.

지로미트린 중독을 일으키는 버섯류

gyromitrin
monomethylhydrazine

03

국내에는 아직까지 보고된 중독 증례가 없으나 마귀곰보버섯(*Gyromitra*)속의 모든 버섯에 지로미트린(gyromitrin)이 내포되어 있다. 심지어 곰보버섯(*Morchella esculenta*)도 유균을 조리하면 독성이 없어지나 노화된 것은 때로 위험할 수 있다. 지로미트린은 수화되면 독성이 강한 모노메틸하이드라진(monomethylhydrazine, MMH)으로 변하는데, 중독증세는 대부분 6~8시간의 잠복기 후에 피로감 · 어지럼증 · 두통 · 구역 · 구토 · 복부팽만감 · 복통 등의 위장관 증세와 실신 · 근육실조 · 발열이 나타나며, 드물지만 설사가 나타날 수도 있다. 대부분의 환자는 1~2일 사이에 회복되시반 심한 일부 환자의 경우에는 마치 아마톡신류(amatoxins) 중독처럼 1~2일 후 심한 황달이 시작되며 경련과 혼수가 나타나고 5~7일 후에 사망하기도 한다. 유럽에서는 이 그룹에 속한 버섯류를 요리했던 주부들이 중독되어 입원한 경우가 보고되어 있다.

지로미트린 중독을 일으키는 독버섯과 혼동하기 쉬운 식용버섯

식용버섯	독버섯
곰보버섯(*Morchella esculenta*) ※ 소량 복용 시에는 식용이지만, 다량 복용하면 중독된다.	마귀곰보버섯(*Gyromitra esculenta*)

1) 독성 분류 : gyromitrin(monomethylhydrazine) poisoning

2) 독성 약역학

모노메틸하이드라진은 인간이나 다른 영장류 또는 개 등에 용혈현상을 일으킨다. 이 독성분은 중추신경을 공격하고 위장을 자극시키며, 간에 손상을 입힌다. 동물 중에서 개와 사람만이 MMH에 의해 신장저해가 나타난다. 신장저해가 독성분 그 자체에 의한 것인지, 2차적 요인 또는 용혈현상에 의한 것인지에 대해서는 아직 밝혀지지 않았다. 하이드라진 단순복합체인 독성분은 특히 아미노기 전이효소의 보조인자로서 피리독살 포스페이트(pyridoxal phosphate)의 효소반응을 저해하는 것으로 알려졌으며, 따라서 비타민 B_6(pyridoxine)를 첨가하여 치료를 하면 효과가 있다고 알려져 있다.

$$CH_3-NH-NH_2$$

모노메틸하이드라진(Monomethylhydrazine, MMH)의 화학구조식

지로미트린을 함유한 버섯을 섭취할 경우 위에서 가수분해에 의해 지로미트린은 N-methylhydrazine 또는 monomethylhydrazine(MMH)을 형성하는 N-methyl-N-formylhydrazine(MFH)으로 전환된다. 최종적으로 생성되는 MH는 pyridoxal phosphate의 경쟁적 억제제로서 pyridoxine을 보조인자로 필요로 하는 효소계(decarboxylases, deaminases, transaminases를 포함하는)를 방해하여 결과적으로 GABA(γ-aminobutyric acid)의 농도를 떨어뜨려 신경전달을 방해한다. 결과적으로 의식변화, 발작 등의 중추신경계 중독증상이 발생한다. 최근 한 연구에 따르면, 뇌 GABA 농도의 변

화 없이도 발작이 발생할 수 있는 것으로 보고되었다.

MFH와 MMH는 간에서 산화작용(oxidation)을 통해 반응 중간물질인 free methyl radical 및 불안정한 diazonium compound로 전환되며, 이들 중간대사 물질들은 간의 사이토크롬 효소계(cytochrome enzyme systems), 글루타티온(glutathione) 및 다른 생체 분자들을 차단함으로써 국소적인 간의 괴사(hepatic necrosis)를 유발하는 것으로 알려져 있다. 실험실에서 동물실험을 한 결과 MMH의 최소 치사량(MLD)과 50% 치사량(LD_{50})이 밝혀졌고 독버섯의 섭취량에 따라 중독의 정도가 결정되며, 또한 치료의 효과 및 기간이 결정된다. 1783~1965년에 유럽에서 Gyromitra 독버섯류에 의하여 사망한 예는 14.5~34.5%로 각각 보고되어 있다.

3) 중독증상

중독증상은 일반적으로 독버섯을 섭취한 후 4~50시간(평균 5~12시간) 정도 지나서 발생한다. 초기 중독증상으로 오심 · 구토 · 심한 설사가 발생하며, 어지럼증 · 허약 · 근 경련 · 근 협조성의 상실(loss of muscle coordination)이 발생할 수도 있다. 심한 경우 섬망, 발작, 혼수가 발생한다. 간부전(hepatic failure)은 일반적으로 심하지 않으나 독버섯을 섭취한 후 3~4일이 지나서 발생하기 시작한다. 저혈당증, 혈량저하증(hypovolemia), 심한 간부전이 발생할 수도 있다.

4) 진단

(1) ultraviolet spectrophotometric method : gyromitrin을 검출하는 방법

(2) gas-liquid chromatography : monomethylhydrazine(MMH)을 검출하는 방법

(3) methemoglobin : monomethylhydrazine에 노출되는 초기에는 methemoglobin이 검출되며, 때로는 free hemoglobin도 검

출되는 경우가 있다.

(4) **중증인 경우 시행해야 할 검사** : 혈액검사(CBC, 전해질검사, 간기능검사, 응고장애검사, 신기능검사, 혈당)와 소변검사(일반소변검사와 hemoglobinuria)를 시행한다.

5) 치료

(1) **오염 제거** : 독버섯을 섭취한 후 상당 시간이 경과하면서 증상이 나타나기 때문에 위 세척은 거의 효과가 없고 활성탄은 효과가 있을 수 있다. 다만, 환자가 2~3시간 이내에 내원한 경우에는 위 세척을 시도할 수도 있다.

- 활성탄 : 성인의 경우에는 초기에 활성탄 50~100g을 투여하고, 1~4시간 간격으로 12.5~20g을 반복적으로 투여한다. 5세 이하 소아의 경우에는 초기에 10~25g을 투여하고, 1~4시간 간격으로 체중당 0.7~1g을 투여한다.

(2) **제거 촉진** : 효과적인 특별한 제거법(복막투석, 혈액투석, 체외순환 등)은 없다.

(3) **보존치료** : 우선 수액과 전해질 교정이 필요하다. 저혈당이 흔히 발생할 수 있으므로 의식변화가 있는 경우 포도당을 정주한다. 경련이 발현하면 벤조디아제핀(benzodiazepine)을 투여하는데, 페노바비탈(phenobarbital)은 간기능장애를 더욱 악화시킬 수 있으므로 주의해야 한다.

(4) **간부전 시** : 간이식술이 필요할 수 있다.

(5) **해독제** : 피리독신(pyridoxine)

① 신경학적 증상 : 초기 용량 25㎎/kg IV, 20g/day까지 수일간 투여

② 간부전 : 피리독신이 간부전의 경과를 변화시킨다는 증거는 없으므로 적응되지 않는다.

(6) **환자 감시** : 간부전의 발생을 감시하기 위해 3~4일 동안 적어도 매일 한 번 정도 AST, ALT, PT, aPTT, BUN, creatinine 검사

를 시행해야 한다. 중증 간부전 환자의 경우 2~4시간마다 혈당검사를 시행하여 증상을 동반한 저혈당증이 발생하면 포도당을 투여한다. 환자의 혈장 내에 유리 헤모글로빈이 증가하면, 강제로 이뇨시켜 신장을 보호해야 한다. 한편 심하게 헤모글로빈이 증가하면 투석을 해야 한다. 갑작스러운 발작 시에는 다이아제팜(Diazepam)을 성인은 10㎎/kg, 어린이는 0.1㎎을 투여한다.

코프린 중독을 일으키는 버섯류

coprine, disulfiram-like toxin 04

두엄먹물버섯[*Coprinus atramentarius* (Bull.) Fr.]을 섭식한 후 30분부터 5일 이내에 술이나 알코올이 함유된 음료수를 섭취하면 1시간 이내에 구토와 두통이 나타나지만, 술을 섭취하지 않으면 중독증상은 없다. 그 이유는 버섯이 내포한 코프린(coprine) 성분이 간에서 알코올대사작용에 관여하는 효소를 차단하기 때문이다. 따라서 증상은 체내에 아세트알데히드(acetaldehyde)가 축적되어 나타나는데, 얼굴과 목에 홍조가 나타나고 금속성 맛을 느끼며 가슴이 뛰고, 사지가 저린 증세와 박동성 두통, 구토 등이 나타난다. 대부분 예후가 좋으며 부정맥에 대해서는 치료를 요할 수 있다. 두엄먹물버섯이 내포하는 코프린은 아미노산으로 구성되어 있으나 알코올 중독 치료제(disulfiram)와는 구조가 다르다.

코프린 중독을 일으키는 독버섯과 혼동하기 쉬운 식용버섯

식용버섯	독버섯
먹물버섯(*Coprinus comatus*)	갈색먹물버섯(*Coprinus micaceus*) 두엄먹물버섯(*Coprinus atramentarius*)

[식용버섯인 먹물버섯]

어린 자실체

액화현상이 일어나는 자실체

임상독성학

1) 독성 분류 : coprine(disulfiram-like toxin) poisoning

2) 독성 약역학

코프린이 아세트알데히드 탈수소화효소(acetaldehyde dehydrogenase)의 작용을 방해하여 에탄올 대사를 저해한다. 알코올 상승작용을 하는 코프린, N^5-(1-hydroxy cyclopropyl)-L-glutamine은 자연계에 존재하는 독특한 아미노산으로서, 동량의 사이클로프로파논(cyclopropanone)을 함유하고 있다. 이것은 디설피람(Disulfiram : NND)과 비슷한 착염의 특성을 가지고 있다. 디설피람(N,N,N′,N′-tetra-ethylthiuram-disulfide)은 담황색의 결정성 분말로 몰리브덴과 결합하고, 아세트알데히드 산화효소의 작용을 억제하여, 섭취한 알코올의 대사를 아세트알데히드단계에서 중단시킨다. 이 물질의 농도가 증가하여 자율신경계의 베타 수용체를 통한 혈관운동(vasomotor) 장애의 원인이 된다.

3) 중독증상

개개인의 감수성에 따라 다소 차이가 있지만, 독버섯을 4~5일 전

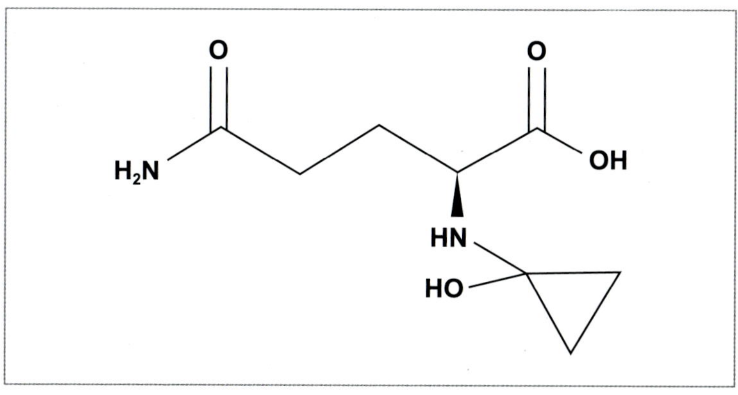

코프린(coprine)의 화학구조식

에 먹은 후 술을 마시면 일반적으로 1시간~1시간 반 만에 증상이 나타난다. 또한 독버섯을 알코올과 함께 먹거나 많은 양의 술을 마신 후 곧바로 독버섯을 먹어도 증상이 나타난다. 버섯을 섭취한 후 빠르게는 2시간 후부터 술에 대해 민감해진다. 버섯을 섭취한 후 민감해진 상태에서 술을 마시면 15~20분 후부터 증상이 나타나며 해독되기까지 3~6시간 정도 걸린다.

주요 중독증상은 심한 두통, 안면홍조, 감각장애, 체위성 저혈압, 구토, 빈맥, 흉통, 식은땀 등이다. 특히 심혈관질환이 있는 환자에서는 쇼크, 대사성 산증, 부정맥, 심근경색 등을 동반할 수도 있다.

4) 진단

환자의 버섯 섭취력과 음주력을 함께 확인하는 것으로도 진단이 가능하며, 버섯을 직접 확인하면 더욱 도움이 된다.

5) 치료

(1) **오염 제거** : 자발적인 구토가 흔하게 발생하므로 특별한 오염 제거(위세척, 활성탄, 설사제 등)는 필요하지 않다.

(2) **제거 촉진** : 특별한 제거법은 없으나 이론적으로는 혈액투석으로 혈중 알코올을 제거하는 것이 효과적일 것이라는 보고가 있다.

(3) **보존치료** : 적절한 수액과 전해질 교정이 매우 중요하다. 환자들에게는 72시간 동안 모든 알코올 함유 제품을 피하도록 교육한다. 저혈압과 부정맥이 매우 위험하므로, 특히 활력징후가 불안정하거나 심혈관질환이 있는 경우 심장 모니터링을 하고 산소와 수액을 주입하도록 한다.

(4) **해독제** : 심실상빈맥(supraventricular tachycardia)과 불안감(anxiety)이 있을 경우 propranolol 10~15㎎을 경구로 복용한다.

무스카린 중독을 일으키는 버섯류

muscarine 05

풀밭에서 흔히 관찰되는 땀버섯속(*Inocybe* spp.)과 깔때기버섯속(*Clitocybe* spp.)은 상당량의 무스카린을 내포하고 있으므로 섭식 후 30분~2시간에 발한(심한 땀), 과다한 침(타액)과 눈물, 동공 축소, 근육경련, 설사, 서맥증, 저혈압 및 심정지 등을 초래할 수 있다. 국내에는 솔땀버섯(*Inocybe fastigiata*), 흰땀버섯(*Inocybe umbratica*), 비듬땀버섯(*Inocybe lacera*), 삿갓땀버섯(*Inocybe asterospora*) 등과 비단빛깔때기버섯(*Clitocybe candicans*), 흰삿갓깔때기버섯(*Clitocybe fragrans*) 등이 독버섯으로 분류되어 있으며, 깔때기버섯(*Clitocybe gibba*)은 식용버섯이다.

무스카린 중독을 일으키는 독버섯과 혼동하기 쉬운 식용버섯

식용버섯	독버섯
깔때기버섯(*Clitocybe gibba*)	바늘땀버섯(*Inocybe calospora*) 비듬땀버섯(*Inocybe lacera*) 삿갓땀버섯(*Inocybe asterospora*) 솔땀버섯(*Inocybe fastigiata*) 잿빛깔때기버섯(*Clitocybe nebularis*) 흰땀버섯(*Inocybe umbratica*)

[식용버섯인 깔때기버섯]

임상독성학

1) 독성 분류 : muscarine poisoning

2) 독성 약역학

독성물질인 무스카린으로 인해 부교감 유사효과가 나타난다. 무스카린은 뇌막장벽(meningeal barrier)을 교차하여 중추신경계에 전달하지 않는다. 따라서 말초신경에서만 그 효과가 나타난다. 무스카린 복합체 중에는 순수한 무스카린 효과보다 히스타민 효과가 더 큰 것도 있다. 무스카린은 부교감계를 자극하여 근육긴장도를 증가시키고, 위장 및 요로계 활성화 · 빈맥 · 축동 · 발한 · 타액 분비 등을 유발한다. 무스카린은 열에 안정적이어서 가열한다고 해서 독성이 없어지지 않는다.

3) 중독증상

버섯을 섭취한 후 15분에서 1시간 이내에 증상이 발현된다. 발한, 구토, 설사, 저혈압, 복통, 축동, 시야장애, 서맥, 콧물, 눈물 등이 주요 증상이다. 기관지 수축으로 호흡곤란과 천명음이 생길 수 있다. 중독증상은 일반적으로 30분에서 2시간 이내에 발한, 침흘림, 최루증이 갑자기 나타나며, 이어서 눈동자가 떨리고, 일시적으로 복부경련 및 통증이 나타나며 종종 설사를 한다. 또한 얼굴에 홍조현상 및 고열 증상과 함께 발한, 호흡곤란 증세가 나타나기도 한다. 이러한 증상은 무스카린에 의한 것이기보다 히스타민 독성분에 의한 것이다. 동공협착, 혈압강하, 서맥(slow pulse) 등이 무스카린에 의한 초기 증상이며, 시간이 경과하면 감수성이 있는 환자나 중독이 심한 환자의 폐에서 천식성 라음(asthmatic rales)과 수포음(rhonchi)이 들린다.

한편 심각한 호흡곤란 증세가 나타난 어린이에게 간헐적 양압치료법을 행한 예가 보고되었으며, 심한 경련이 발생하면 근육이완제를 사용함으로써 조절할 수 있었다는 보고가 있다. 사망률이 6~12%로 보고되었으며 대부분의 사망 예는 심장 또는 폐질환을 가진 어린아이에서 나타났다.

※ 주의 : 독버섯에 의한 중독증상 중에서 발한, 유연증, 취루증 등의 복합증상이 나타나는 것은 무스카린 외에는 없다.

4) 진단

버섯을 섭취한 이후 단시간 이내에 위의 증상이 발현하는 것으로 진단이 가능하며, 발한(땀의 과다 분비)이 동반되면 진단이 더욱 확실해진다.

5) 치료

(1) **오염 제거** : 활성탄 투여가 도움이 될 수 있지만, 증상이 없을 경우는 오염 제거(구토제, 위세척, 활성탄, 설사제)가 필요하지 않다.

① 설사제 : 성인은 70% sorbitol 1~2mL/kg을 경구 투여하거나 10% magnesium citrate 250mL를 경구로 투여한다. 소아는 35% sorbitol 4.3mL/kg 혹은 10% magnesium citrate 4mL/kg을 경구 투여한다.

② 활성탄 : 성인의 경우에는 초기에 활성탄 50~100g을 물에 1:5 정도로 희석하여 경구로 1회 투여하고, 이후에도 증상이 심한 경우에는 1~4시간 간격으로 12.5~20g을 반복적으로 투여하기도 한다. 1세 미만의 소아에게는 희석된 활성탄 10~25g(혹은 0.5~1.0g/kg)을 1회 투여하고, 1~12세 소아의 경우에는 초기에 희석된 활성탄 20~50g(혹은 0.5~1.0g/kg)을 경구로 투여한다.

(2) **제거 촉진** : 특별한 체외 제거법은 없다.

(3) **보존치료** : 기관지 수축, 기관지 분비물 과다, 심혈관 허탈 등으로 드물게는 사망까지 초래될 수 있으므로 산소 투여, 기관지 흡인, 수액 투여, 심장 모니터링을 시행하고, 필요하면 기관삽관 등을 한다. 대부분의 증상은 24시간 내에 없어지므로 그 이상 관찰은 필요하지 않다.

(4) **해독제** : 기관지 분비물을 없애기 위해 아트로핀(atropine)을 투여한다. 아트로핀의 용량은 나이에 따라 조절한다(2세 미만: 2㎎, 2~4세: 0.3㎎, 4~10세: 0.4㎎, 10~14세: 0.6㎎, 성인: 0.8~1.0㎎). 기관지 분비물이 건조해질 때까지 아트로핀 용량을 조금씩 늘리며 정주로 투여한다.

이보텐산-무시몰 중독을 일으키는 버섯류 06

ibotenic acid-muscimol

광대버섯속의 버섯들 중에는 가장 위험한 독소인 사이클로펩타이드(cyclopeptides)를 함유한 버섯들 이외에도 일부의 버섯들은 완전히 다른 독소를 가지고 있다. 광대버섯(*A. muscaria*)은 중추신경계에 영향을 미치는 성분을 내포하고 있는데, 신선한 광대버섯이 함유하는 이보텐산(ibotenic acid)도 신경계에 영향을 미치지만 광대버섯을 건조시키면 5~10배 더 강력한 신경정신 활성화 효과가 있는 무시몰(muscimol)로 전환된다. 무시몰은 글루탐산(glutamic acid)의 10배 이상 좋은 향미가 있어 대단히 맛있다고 알려져 있으며, 이러한 버섯을 10개 이상 섭취하면 사망할 수도 있다.

이보텐산-무시몰 중독을 일으키는 독버섯과 혼동하기 쉬운 식용버섯

식용버섯	독버섯
붉은점박이광대버섯(*Amanita rubescens*)	마귀광대버섯(*Amanita pantherina*)

임상독성학

1) 독성 분류 : isoxazole derivatives(ibotenic acid and muscimol) poisoning

이보텐산(ibotenic acid)과 무시몰은 본질적으로 중독성이 있다. 여기에 포함되어 있는 판세린(pantherin), 스티조로브산(stizolobic

[식용버섯인 붉은점박이광대버섯]

이보텐산(ibotenic acid)의 화학구조식

무시몰(muscimol)의 화학구조식

acid), 스티촐로빈산(stizolobinic acid)과 트리콜롬산(tricholomic acid) 등이 항콜린성(anticholinergic) 효과가 있다. 그러나 이러한 독버섯류는 아트로핀(atropine), 필츠아트로핀(pilzatropine), 히오쉬아민(hyoschyamine), 스트라모니움(stramonium)을 함유하고 있다는 증거는 없다. 종종 적은 양의 무스카린을 함유하고 있어 항콜린성 효과가 있으나, 임상의학적으로 유의성이 없다. 항콜린성 증후군(Anticholinegic syndrome)은 중추신경과 말초신경계에 징후와 증상이 나타나지만, 무스카린에 의한 콜린성 증상은 대부분 말초신경에만 나타난다. 무시몰은 중추신경계에 미치는 영향에 있어서 이보텐산보다 독성이 5~10배 높다. 이보텐산의 상당량이 빠르게 무시몰로 전이되는 것이 측정되었다. 무시몰은 비교적 빠르게 소변으로 배출된다. 대부분의 독성분이 체내에서 빠져 나간 후에 흥분 또는 도취상태가 나타난다. 무시몰 6㎎ 또는 이보텐산 30~600㎎을 섭취하면 중추신경계 이상이 발생한다.

2) 독성 약역학

주된 독성분은 이소옥사졸(isoxazole) 유도체이며, 이소옥사졸 복합체인 이보텐산과 이보텐산의 유도체인 무시몰이 대부분 독성증상을 유발한다. 이보텐산은 빠르게 무시몰로 전환되고, 무시몰은 구조적으로 GABA와 유사하여 GABA 수용체에 결합함으로써 신경학적 증상이 나타난다. *A. pantherina*은 그 외에 스티초로브산과 스티초로빈산과 같은 독성분도 함유하고 있다. 이 성분들은 항콜린성 효과를 나타낼 수 있다.

3) 중독증상

증상은 버섯을 섭취한 후부터 30분에서 수 시간 내에 발생하며, 증상은 일시적이며 약 6시간 정도 지속되고 대부분의 경우 24시간 이내에 회복된다. 어지러움 · 실조증(ataxia) · 근육연축 등을 보이며, 초기 정신적 흥분을 보이다가 수면에 빠지는 증상이 반복적으로 나타나기도 한다. 과량을 섭취한 경우, 시각장애 · 발열 · 혼수 · 간대성 근경련(myoclonus) · 산동(mydriasis) · 경련 등이 나타나기도 한다. 독버섯을 먹은 후 30분에서 2시간 이내에 현기증과 수의 운동 실조가 나타나며, 특히 알코올 중독자처럼 비틀거린다. 심한 경우에는 운동 실조가 일어나고 이어서 근육이 뒤틀리거나 과운동증, 근육경직 및 경련이 나타난다. 또한 일상적으로 시력장애가 나타나며, 종종 다행증(Euphoria)을 동반한다. 환경이나 개인에 따라 정신팽창시(Mind-expanding vision)가 나타나기도 한다. 그러나 일반적으로 구토를 하지 않는다.

한편 술취한 듯한 느낌이지만 정신은 비교적 맑으며, 다소 운동 실조, 언어 및 발음에 문제가 있으나 알코올중독자처럼 심각하지 않다. 이러한 버섯은 옛날 원시종교의 종교 의식 시에 제사장이 먹고 신과 대화하고 그 뜻을 전달하는 데 이용하였다고 한다.

이러한 종류의 독버섯을 먹고 죽는 예는 1% 미만으로 알려져 있으며, 성인의 경우 한 개의 버섯으로도 증상이 나타나지만, 성인 남자의 경우 자실체 20개를 먹어도 죽지 않은 예가 있다. 그러나 버섯마다 독성분 함량이 다르고 개개인의 독버섯에 대한 감수성이 다르므로 주의해야 한다.

4) 진단

버섯을 섭취한 이후 단시간 이내에 앞에서 설명한 증상이 발현하는 것으로 진단이 가능하며, 독버섯을 확인할 수 있다면 진단이 더욱 확실해진다.

5) 치료

(1) **오염 제거** : 초기에는 오염제거술(구토제, 위세척, 활성탄)이 치료에 효과적일 수는 있다. 그러나 환자가 정신적 흥분 상태인 경우에는 치료가 기술적으로 어려울 수 있으므로 의식이 명료한 환자에서는 활성탄 투여가 위세척보다 권장된다.

- 활성탄 : 성인의 경우에는 초기에 활성탄 50~100g을 물에 1:5 정도로 희석하여 경구로 1회 투여한다. 1세 미만의 소아에게는 희석한 활성탄 10~25g(혹은 0.5~1.0g/kg)을 1회 투여하고, 1~12세 소아의 경우에는 초기에 희석된 활성탄 20~50g(혹은 0.5~1.0g/kg)을 경구로 투여한다.

(2) **제거 촉진** : 특별한 체외제거법은 없다.

(3) **보존치료** : 일반적인 보존적 치료를 한다. 경련이나 기도 유지에 문제가 없다면 약물치료는 권장하지 않는다.

(4) 해독제 : 아트로핀은 증상을 악화시키므로 투여하지 말아야 한다. 연구 보고에 의하면 피소스티그민(physostigmine)도 효과가 없다고 한다.

환각 중독을 일으키는 버섯류 hallucinogenic toxin 07

일부 독버섯을 섭취하면 환각현상이 약 4~5시간 지속되다가 이후 깊은 잠에 들게 된다고 한다. 이러한 증상은 주름버섯과(Agaricaceae)의 버섯에서 나타나는데, 환각버섯속(***Psilocybe*** spp.), 말똥버섯속(***Panaeolus*** spp.), 종버섯속(***Conocybe*** spp.), 미치광이버섯속(***Gymnopilus*** spp.)이 대표적이다. 국내에는 갈황색미치광이버섯(***Gymnopilus spectabilis***), 솔미치광이버섯(***Gymnopilus liquiritiae***), 레이스말똥버섯(***Panaeolus sphinctrinus***), 검은띠말똥버섯(***Panaeolus subbalteatus***), 노란종버섯(***Conocybe lactea***) 등이 산야에 서식하며 독버섯으로 분류되어 있다. 만약 과도하게 섭식하게 되면 경련, 급성 정신증이 나타날 수 있다.

환각 중독을 일으키는 독버섯과 혼동하기 쉬운 식용버섯

식용버섯	독버섯
흰굴뚝버섯(***Boletopsis leucomelas***)	검은쓴맛그물버섯(***Tylopilus nigerrimus***)

[식용버섯인 흰굴뚝버섯]

뒷면의 관공. 후에 자실체 전체가 검은색으로 변한다.

임상독성학

1) 독성 분류 : hallucinogenic toxin poisoning

대부분의 경우 다량의 버섯을 복용했을 때 증상이 유발된다.

2) 독성 약역학

이들 버섯류에 내포된 향정신성 성분은 psilocybin 또는 psilocin 이라 불리는 indole alkaloids로서 hydroxytryptamine의 유도체이

다. 유효용량은 psilocybin 4~8㎎인데, 말린 버섯 약 2㎎에 들어 있다. 사일로시빈(psilocybin), 사일로신(psilocin), 배오시스틴(baeocystin), 노르배오시스틴(norbaeocystin)과 인돌(indoles)은 디-라이세르직산(d-lysergic acid, LSD)과 유사하며, 주로 중추신경계에 영향을 주어 환각을 일으킨다. 또한 어느 정도는 말초신경계에도 영향을 미치는데, 이것은 바포테닌(bufotenin effects) 효과와 유사한 세로토닌-노르에피네프린(serotonin-norepinephrine pathway) 경로로 생각된다.

세로토닌(5-hydroxytryptamine)은 혈관수축작용을 나타내는 물질이고, 노르에피네프린($C_8H_{11}NO_3$)은 부신수질 이외의 트롬친화성 조직에서 분비되는 호르몬의 일종으로, 주로 기능작용을 할 때 개재물로서 교감신경 말단부에서 생성되는 탈메틸기성의 에피네프린이다.

3) 중독증상

가벼운 두통, 위약감, 불안감 등이 버섯 섭취 30~60분 후에 시작된다. 대부분의 증상은 4시간 이내에 사라지며 12시간 이상 지속되는 정신 불안감 증상은 매우 드물다. 산동과 시야장애가 흔하고 빈맥, 고혈압, 반사항진(hyperreflexia) 등은 절반 이하의 환자들에서 관찰된다. 정신불안(dysphoria), 인지장애(disorientation), 실조(ataxia), 착란(agitation), 공격적인 행동이 나타날 수도 있다. 반사회적 행동이 나타날 경우 생명에 가장 큰 위협이 된다.

환각은 절반 이하의 환자들에서 나타나며, 소아가 고용량의 버섯을 복용했을 때 혼수, 경련, 고체온, 사망 등의 발생도 보고되었다.

4) 진단

독버섯을 섭취한 후에 앞서 설명한 증상들이 발현하는 것으로 진단이 가능하다. 혈액검사에서 젖산 탈수소효소(lactate dehydrogenase), AST, 알칼리포스파타아제(alkine phosphatase)의 상승이 나타날 수 있지만 임상적으로 큰 의미가 없다.

5) 치료

(1) 오염 제거 : 대부분의 경우 환자의 의식장애로 위세척을 시행하기는 어렵기 때문에 오염제거술이 사용되지는 않는다. 그러나 예외적으로 소아에서 다량의 섭취가 있었던 경우 위세척을 시행하기도 한다.

(2) 제거 촉진 : 특별한 체외제거법은 없다.

(3) 보존치료 : 환자의 자해행위에 대한 적절한 조치가 필요할 때도 있다. 환자는 되도록 조용한 방에 있도록 하며, 흥분이나 공포를 진정시키기 위하여 환자와 대화를 나눈다. 발작 증세가 나타날 때에는 어린이의 경우 디아제팜(diazepam: valium) 0.1㎎/kg을, 성인은 10㎎을 투여한다. 이상 고열 증세(hyperpyrexia)는 어린이의 경우에는 미온탕 스폰지 또는 젖은 수건을 이용해 몸을 식히고, 살리실산염(salicylate)을 사용해서는 안 된다. 환각증세를 치료하기 위하여는 성인인 경우에는 클로르프로마진(chlorpromazine: thorazine)을 50～100㎎, 어린이는 2.5㎎/kg을 근육주사한다.

위장관 자극 중독을 일으키는 버섯류 08
gastrointestinal irritants

싸리버섯속(*Ramaria* spp.), 무당버섯속(*Russula* spp.)을 비롯해 어리알버섯속(*Scleroderma* spp.), 삿갓외대버섯(*Entoloma rhodopolium*), 노란젖버섯(*Lactarius chrysorrheus*) 등에는 소화관을 자극하는 독소인 콜린(choline)이 포함되어 있다. 국내에 서식하는 싸리버섯(*Ramaria botrytis*)은 식용버섯이지만 이와 유사하며, 독성을 가진 노랑싸리버섯(*R. flava*)이나 붉은싸리버섯(*R. formosa*)은 흔히 싸리버섯과 혼동되는 독버섯으로서, 섭취 후 복통과 심한 설사를 초래한다. 식용버섯인 참무당버섯(*Russula atropurpurea*)과 유사한 유독성의 무당버섯(*R. emetica*)도 심한 위장관 증세를 초래한다.

콜린 성분 이외의 소화관 자극 독소를 함유한 국내의 버섯 중에는 무자갈버섯(*Hebeloma crustuliniforme*)을 들 수 있는데, 가열해도 독소가 파괴되지 않는 내열성 용혈 독소(hebelolysin)를 함유하고 있다. 가열하면 쉽게 파괴되는 용혈 독소를 가진 버섯으로는 우산버섯(*A. vaginata*)과 고동색우산버섯(*A. fulva*)이 대표적이다.

주름우단버섯(*Paxillus involutus*)은 아직까지 독소는 동정되지 않았으나 지속적으로 섭식할 경우에 누적된 독소가 심각한 합병증을 유발하는 것으로 보고되었다. 담갈색송이(*Tricholoma ustale*)는 구토, 설사, 복통을 일으키며, 독송이(*Tricholoma muscarium*)는 식용버섯이지만 과식했을 때는 위장관 증상을 초래한다.

기타 독소로서 식용버섯인 개암버섯(*Naetoloma sublateritium*)과 혼동하기 쉬운 노란다발(*Naematoloma fasciculare*)은 나에마톨린(naematolin)이라는 독소를 함유하고 있으며, 람프테롤(lampterol)은 야광성인 솔밭버섯속(*Omphalina*)에 내포되어 있는 맹독성 독소이다. 글리지신(glyzicin)은 흰독깔때기버섯(*Clitocybe dealbata*)에 들어 있는데 흰독깔때기버섯은 식용버섯인 선녀낙엽버섯(*Marasmius oreades*)이나 매화그늘버섯(*Clitopilus prunulus*)과 유사하다.

위장관 자극 중독을 일으키는 독버섯과 혼동하기 쉬운 식용버섯

식용버섯	독버섯
개암버섯(*Naetoloma sublateritium*)	노란다발(*Naematoloma fasciculare*)
그물버섯류(*Boletus* spp.) 껄껄이그물버섯류(*Leccinum* spp.) 비단그물버섯류(*Suillus* spp.)	갓그물버섯 (*Pulveroboletus ravenelii*) 산속그물버섯아재비 (*Boletus pseudocalopus*)
느타리(*Pleurotus ostreatus*) 참부채버섯(*Panellus serotinus*)	꽃잎우단버섯(*Paxillus curtisii*) 삿갓외대버섯(*Entoloma rhodopolium*) 은행잎우단버섯(*Paxillus panuoides*) 화경솔밭버섯(*Lampteromyces japonicus*)
독청버섯아재비 (*Stropharia rugosoannulata*)	턱받이금버섯(*Phaeolepiota aurea*)
말불버섯(*Lycoperdon perlatum*)	점박이어리알버섯 (*Scleroderma areolatum*)
배젖버섯(*Lactarius volemus*)	노란젖버섯(*Lactarius chrysorrheus*) 흠집남빛젖버섯(*Lactarius scrobiculatus*)
색시졸각버섯 (*Laccaria vinaceoavellanea*) 자주방망이버섯아재비(*Lepista nuda*) 자주졸각버섯(*Laccaria amethystea*)	맑은애주름버섯(*Mycena pura*)

식용버섯	독버섯
싸리버섯(*Ramaria botrytis*)	노랑싸리버섯(*Ramaria flava*) 붉은싸리버섯(*Ramaria formosa*) 자주색싸리버섯(*Ramaria sanguinea*) 황금싸리버섯(*Ramaria aurea*)
우산버섯 (*Amanita vaginata* var. *vaginata*)	긴골광대버섯아재비 (*Amanita longistriata*) 큰우산버섯 (*Amanita vaginata* var. *punctata*) 큰주머니대광대버섯 (*Amanita volvata*) 턱받이광대버섯(*Amanita spreta*)
큰갓버섯(*Macrolepiota procera*)	갈색고리갓버섯(*Lepiota cristata*) 볼록포자갓버섯 (*Lepiota ventriosospora*) 주홍여우갓버섯 (*Leucoagaricus rubrotinctus*) 흰갈대버섯 (*Chlorophyllum molybdites*) 흰독큰갓버섯 (*Macrolepiota neomastoidea*)
흰무당버섯(*Russula delica*)	흰무당버섯아재비(*Russula japonica*)

[식용버섯인 개암버섯] 우리나라에서는 10월 말에 주로 발생한다.

다발성인 어린 자실체

갓 끝에 붙어 있는 거미줄상 턱받이

[식용버섯인 그물버섯류]

접시껄껄이그물버섯

붉은비단그물버섯

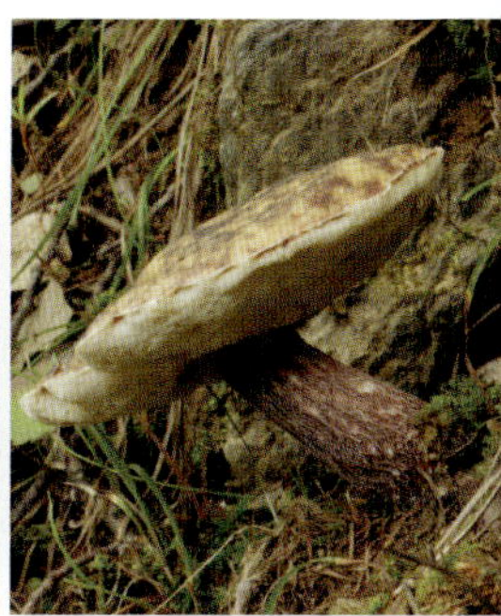
가지색그물버섯

[식용버섯인 느타리] 느타리는 포자는 흰색이며 항상 나무에서 발생한다.

흰색 주름살

[식용버섯인 참부채버섯] 우리나라에는 주로 10월 말에 발생한다.

짧은 대

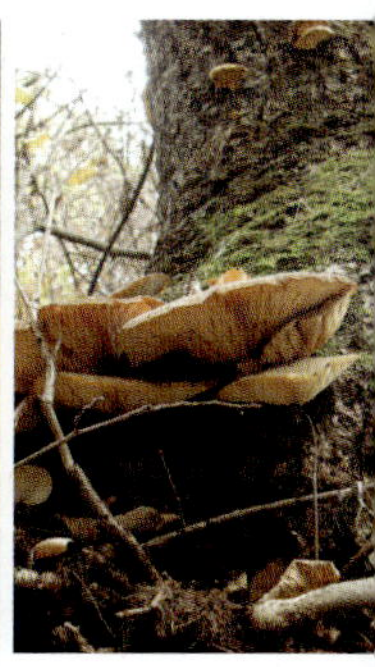

[식용 가능한 독청버섯아재비]

이중 턱받이와 남청색의 포자

[포자형성 이전에 식용 가능한 말불버섯]

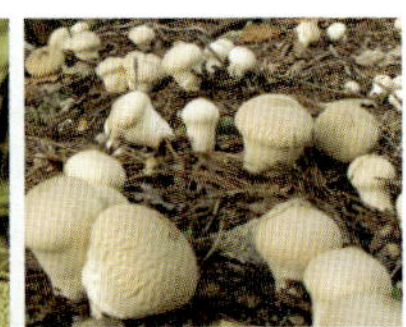

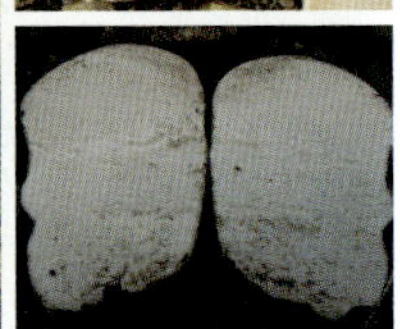

어린 버섯은 자르면 흰색이다.

[식용버섯인 배젖버섯]

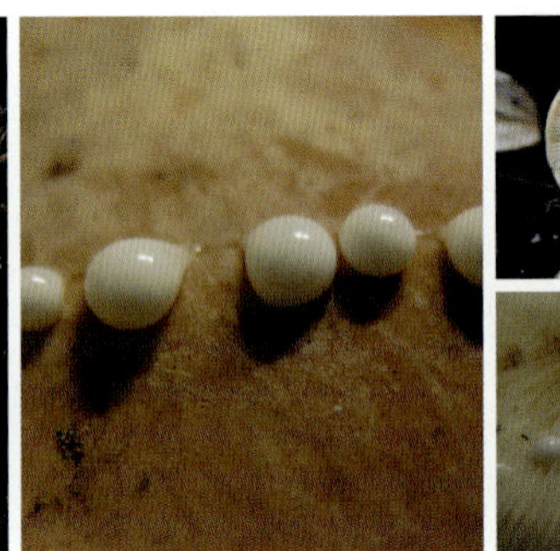

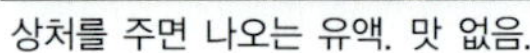

상처를 주면 나오는 유액. 맛 없음.

[식용버섯인 색시졸각버섯]

긴 대

굵은 홈선이 있는 갓

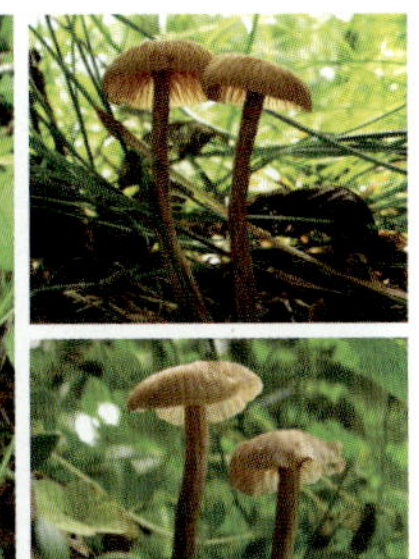

[식용버섯인 자주방망이버섯아재비]

[식용버섯인 자주졸각버섯]

[식용버섯인 싸리버섯]

[식용버섯인 우산버섯]

턱받이 없음

홈선이 있는 갓

[식용 가능한 흰무당버섯]

주름살 끝 부위에 있는 푸른색 선

[식용버섯인 검은비늘버섯]

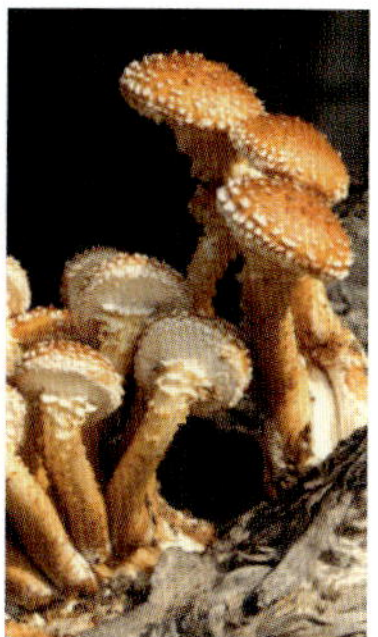

전나무에 주로 발생. 젤라틴질이 많은 갓 표면

임상독성학

1) 독성 분류 : gastrointestinal irritants

독성분은 독버섯의 종류와 개개인에 따라 매우 다르게 나타난다. 유럽에서는 나이가 많거나 어떤 병에 의해서 쇠약해진 환자가 이런 독버섯을 먹고 죽은 예를 보고한 바 있다. 한편으로는 같은 독버섯을 먹었더라도 개인에 따라 중독증상이 나타나는 사람과 증상이 나타나지 않는 사람이 있을 수 있으며, 또한 같은 독버섯을 한 개인이 먹었을 때 중독증상이 나타났다가 다음에는 나타나지 않을 수도 있다.

버섯 중 두엄먹물버섯은 술과 함께 먹었을 때에만 중독증상이 나타나며, 알코올중독치료제와 같은 증상은 아니지만 알코올이 독성분 흡수를 촉진하는지 또는 위장장애를 일으키는 데에 영향을 미치는지에 대하여 아직 알려지지 않았다.

또한 버섯의 성숙시기별 독성에 관한 조사가 미비하여 독버섯을 얼리거나 부패함으로써 독성분의 변화 여부 및 동일 종 내 균주간 독성분 함량 등에 대한 조사는 아직 알려지지 않았다.

2) 독성 약역학

대부분의 소화관 자극제(GI irritant)가 아직 밝혀져 있지 않기 때문에 정확한 기전도 알려져 있지 않다. 요리를 하면 독소를 불활성화시킬 수 있다고도 하지만 확실하지 않다. 위장장애를 일으키는 독버섯류는 매우 다양한 속(genus)에 폭 넓게 퍼져 있으며, 함유하는 독성분에 관한 많은 연구에도 불구하고 도움이 될 만한 결과는 별로 없는 것으로 보인다. 이런 잡다한 독성분에 알맞은 종합적인 이름이 없어서 'gastrointestinal irritants'를 사용하고 있다.

나팔버섯(*Gomphus floccosus*)에서 노르카페라트산(norcaperatic acid: α-tetradecylcitric, 구조가 구연산과 비슷함)을 분리하였으며, 흰갈대버섯(*Chlorophyllum molybdites*)은 위장장애를 일으키는 독성분을 함유한 전형적인 독버섯이다. 한편 젖버섯류에서 12종 이상의 독성분 복합물질이 발견되었다. 그 외의 버섯류에서 유사한 조사결과 독성분이 확실하게 밝혀지지는 않았지만 아미노산을 함유한 물질이 거론되고 있다.

3) 중독증상

증상은 독버섯을 섭취한 후부터 30~90분이 지나면서부터 시작하며 3~4시간이 지나면 점차 감소하다가 수일 후면 완전히 회복되는데, 대개는 1일 이내에 회복된다. 주로 소화기장애(설사, 구토, 복통 등)를 호소한다. 어린 소아의 경우 다량의 버섯을 섭취했을 때 사망한 일부 사례가 보고된 바 있다.

독버섯을 먹고 30분~2시간 내에 구역, 구토, 복통, 설사 및 탈수현상을 수반하며, 쇠약, 현기증, 오한이 일어난다. 또한 감각이상증(paresthesias), 강직성 경련(tetanus)도 보고된 바 있다. 대부분의 증상들은 3~4시간 후에 어느 정도 진정되며, 1~2일이면 완전 회복되나 싸리버섯에 의한 설사는 2~3일(경우에 따라서는 4~5일)이 지나야 회복된다.

한편 이러한 독버섯을 2종류 이상을 동시에 먹게 되면 독성분의 상승작용에 의하여 위장계의 장해뿐만 아니라 더욱 더 심각해지거나 치명적일 수 있으므로 가능한 독버섯 종류를 정확하게 동정하여야 하며, 그에 따른 치료를 해야 한다. 심한 중독에는 체액과 전해질의 평형유지를 위한 감시가 필요하며, 간기능검사와 신장기능검사가 필요하다.

4) 진단

버섯을 먹고 수 시간 이내에 소화기장애가 발생하였다는 것으로도 진단이 가능하다. 다만, 초기에 독버섯의 cyclopeptide poisoning과 gyromitrin poisoning와의 감별이 가장 중요하다.

5) 치료

(1) **오염 제거** : 자발적으로 구토가 유발되므로 특별히 오염제거술(위세척, 구토제, 활성탄, 설사제)은 필요하지 않다.

(2) **제거 촉진** : 특별한 체외제거법은 없다.

(3) **보존치료** : 수액과 전해질 교정과 같은 일반적인 보존적 치료로 24~48시간 이내에 회복된다. 구토가 심한 경우에는 항구토제(antiemetics)가 도움이 되기도 한다.

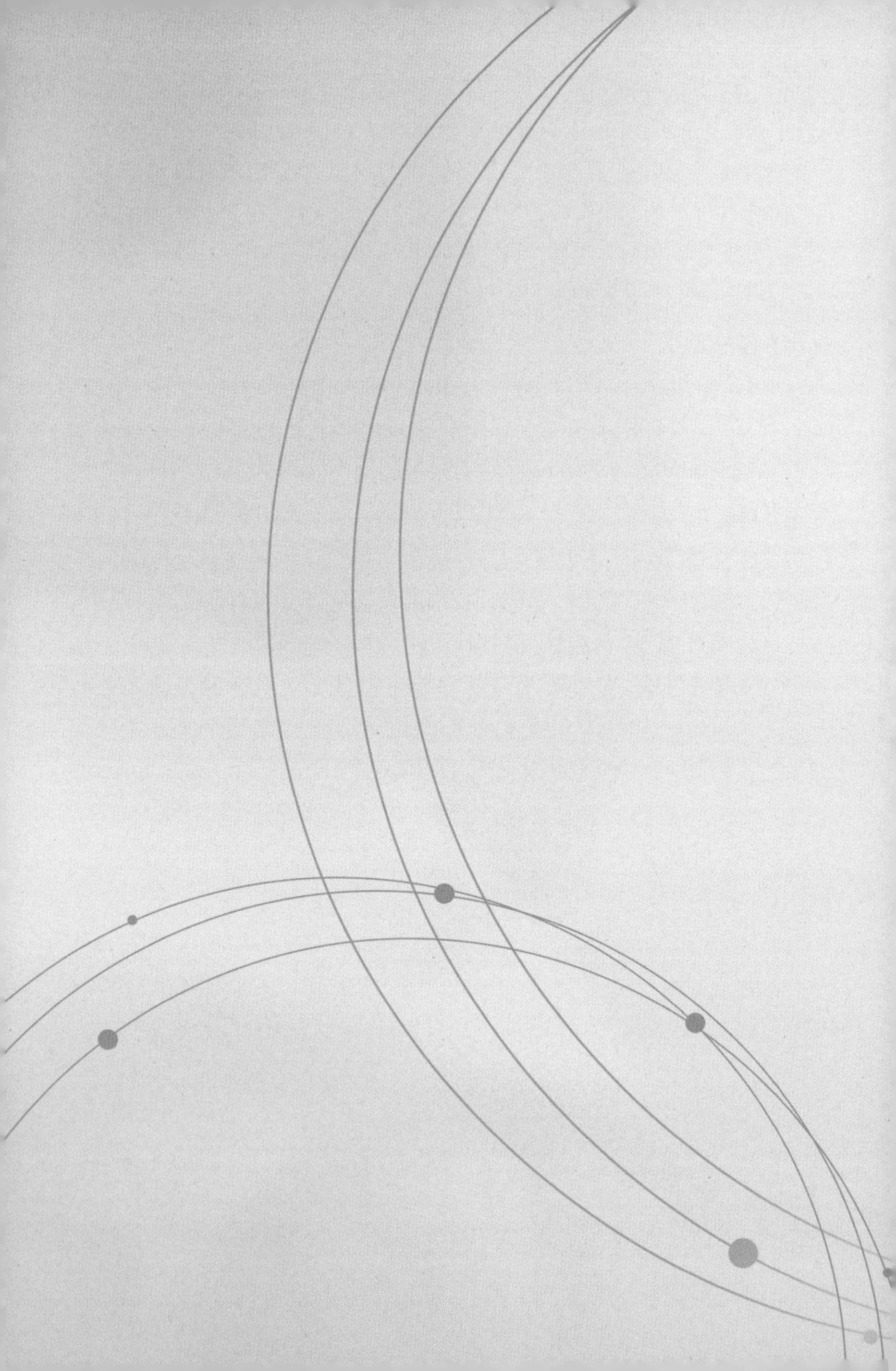

제 2 부

한국의 독버섯

위장관 자극 중독을 일으키는

갈색고리갓버섯

Lepiota cristata (Bolton) P. Kumm.

분류 담자균문(Basidiomycota) 주름버섯강(Agaricomycetes) 주름버섯목(Agaricales) 주름버섯과(Agaricaceae) 갓버섯속(*Lepiota*)

| 형태적 특징 | 갓은 22~45㎜로 반구형~종형이나 성장하면 반반구형~중앙볼록편평형으로 된다. 표면은 성장 초기에는 평활하고 갈적색이나 중앙부의 돌출 부위를 제외하고 동심원상으로 갈라져 작은 인피를 형성하며, 갈라진 사이로 백색의 조직이 나타난다. 조직은 육질형이며 얇고 백색이다. 불쾌한 냄새가 강하다.

주름살은 떨어진주름살이고 빽빽하며, 백색이나 성장하면 옅은 황색을 띤다. 주름살날은 다소 분질상이다. 대는 26~45×2~4㎜로 원통형이다. 건성이고 견사상 광택이 나며, 백색이나 점차 옅은 육색으로 변한다. 대의 속은 비어 있다. 턱받이는 백색이고 섬유상 막질이나 쉽게 탈락한다.

포자문은 황백색이고, 포자는 5.4~8.3×3.2~4.6㎛로 여주씨형이고, 포자벽은 얇으며 위아밀로이드이다. 담자기는 18.7~21.4×5.7~7.5㎛로 기부에 협구가 있다. 날시스티디아는 20.4~44.8×9.5~14.8㎛로 곤봉형·서양배 모양~난형이다. 측시스티디아는 없다. 조직의 균사에 종종 협구가 있다.

| 발생 시기 및 장소 | 여름과 가을에 주로 발견되는데, 혼합림 임

❷ 갓 표면에 밀포한 동심원상의 갈색 인피 ❸ 끝이 갈색인 턱받이(고리)

도, 목장, 정원 또는 쓰레기장 주변에서 군생~산생한다.

| 감별해야 할 식용버섯 | 큰갓버섯

| 식용 가능 여부 | 독버섯이다.

❺ 편평한 갓에 드러나는 갈색의 인피 ❻ 흰색 포자를 가진 얇은 주름살

❾ 반구형~종형의 어린 자실체

액화현상 발생 직전의 자실체

코프린 중독을 일으키는

갈색먹물버섯

Coprinus micaceus (Bull.) Fr.

분류 담자균문(Basidiomycota) 주름버섯강(Agaricomycetes)
주름버섯목(Agaricales) 주름버섯과(Agaricaceae)
먹물버섯속(*Coprinus*)

| 형태적 특징 | 갓의 크기는 11~34㎜로 초기에는 구형~반구형이나 성장하면 종형~중앙볼록편평형 또는 편평하게 펴진다. 표면은 담황갈색~황토색이고, 미세한 돌비늘 모양의 인편이 있으나 조기에 탈락한다. 성장하면 갓 주변 부위부터 중앙 쪽으로 갈회색을 띠다가 흑색으로 된다. 끝 부위는 다소 파상형이고 방사상의 홈선이 있으며, 성장하면 방사상으로 갈라진다. 조직은 얇고 엷은 올리브갈색을 띠며, 맛과 향기는 부드럽다. 주름살은 끝붙은주름살이며 다소 빽빽하고, 초기에는 백색이나 성숙 후에 라일락회색~흑갈색을 띠며, 주름살날은 분질상이다. 주름살 끝에서부터 서서히 액화현상이 일어난다. 대의 크기는 31~87×2~3.5㎜로 원통형이고 상하 굵기가 같으며, 기부가 다소 굵다. 표면은 백색이고 전체에 백색의 미세한 분질이 피복되어 있으며, 기부 쪽은 점차 담황색을 띤다. 잘 부서지며, 속은 비어 있다.

포자문은 흑색이며, 포자의 크기는 6.5~9.5×4~6㎛로 측면은 살구씨형(amyg-daliform) 또는 타원형이고, 앞면은 절두상살구씨형

❶ 건조한 상태에서 발생한 버섯의 형태

❷ 돌비늘 모양의 갓의 인피 형태

(mitriforn) 또는 한쪽 면이 편압되어 있으며, 정단은 절두형(truncate)이고 세포벽이 얇다. 담자기의 크기는 18.8~28×5.6~9.3㎛로 4-포자형이며, 기부에 협구가 없다. 날시스티디아의 크기는 36~120×30~65㎛로 풍선형~곤봉형이며 세포벽은 얇다. 측시스티디아의 크기는 61.4~89.5×42.7~68.3㎛로 풍선형~타원형이며 세포벽은 얇다. 갓 표면의 외피막(veil)은 세포벽이 다소 두껍고 갈색색소가 있는 구형세포로 구성되어 있으며, 사상의 균사가 혼재해 있고 종종 협구가 있다. 대 상부에 강모체형(setuloid)이 있다.

| 발생 시기 및 장소 | 여름과 가을에 활엽수의 그루터기 또는 매몰된 나무 위에 총생 또는 군생한다.

| 식용 가능 여부 | 버섯의 어린 시기에는 식용할 수 있으나 알코올과 함께 섭취하면 소화기증상(구역질, 구토, 복통 등)을 유발하며, 증상은 3~4일 정도 지속되다가 자연 치유된다.

❸ 액화현상이 일어난 버섯

❺ 끝붙은주름살 형태 ❻ 아카시아나무 그루터기에 발생 ❼ 무리지어 발생한 모습

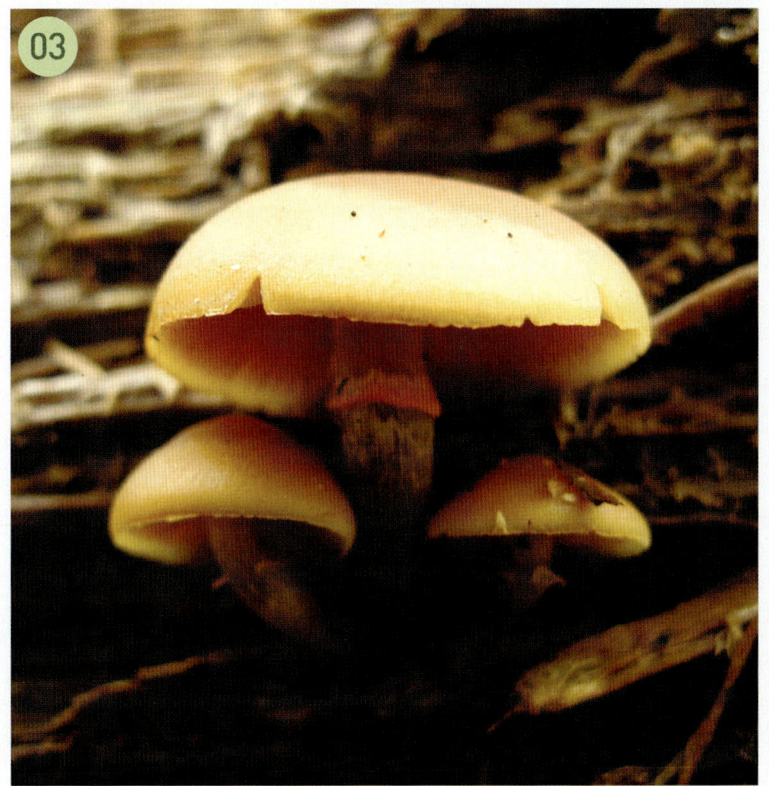

아마톡신 중독을 일으키는

갈잎에밀종버섯

Galerina helvoliceps (Berk. & M.A. Curtis) Singer

분류 담자균문(Basidiomycota) 주름버섯강(Agaricomycetes)
주름버섯목(Agaricales) 포도버섯과(Strophariaceae)
에밀종버섯속(*Galerina*)

| 형태적 특징 | 갓은 10~33㎜로 원추형~반구형이나 성장하면 반반구형~편평형으로 된다. 대부분 중앙 부위는 유두상으로 돌출되어 있고, 끝은 위쪽으로 반전되어 있다. 표면은 평활하며, 습할 때 반투명선이 있으며, 건조하면 건변색현상이 나타나고 황토색 · 황백색~담황색을 띤다. 주름살은 완전붙은주름살~짧은내린주름살이며, 약간 빽빽하고 폭은 좁으며, 황백색을 띠나 성장하면 옅은 갈색~밝은 갈색을 띠고, 주름살날은 분질상이다. 대는 18~58×2~3.5㎜로 원통형이고, 종종 굽어 있다. 상부는 오황색을 띠며 백색의 분질이 있고, 턱받이 아래쪽은 암황갈색~암갈색을 띠며 백색의 가느다란 섬유질이 있고, 기부에 백색의 균사모가 있다. 턱받이는 막질이고 백색~황백색을 띠나 포자가 성숙하여 떨어지면 회적갈색~갈색을 띤다.

포자문은 적갈색이며, 포자는 9~10×5.5~6.2㎛로 난형~유아몬드형이고 작은 돌기가 있으며, 포자반이 있고 포자점피(perisporium)가 있다. 담자기는 4-포자형이고, 기부에 협구가 있다. 날시스티디아는 32.6~65.6×11.5~16.7㎛로 편복형이나 대부분 상부 쪽은 가늘

❶ 다발로 발생한 자실체

게 신장되고 종종 반복적으로 볼록하게 팽창되어 있으며, 정단부는 팽대되어 두상형이고, 세포벽은 얇다. 측시스티디아는 날시스티디아와 모양과 크기가 유사하다. 자실층 조직은 평행형이다. 갓 표피상층은 평행균사로 구성되어 있으며 젤라틴질이 없고, 균사에 협구가 있다.

| 발생 시기 및 장소 | 주로 여름과 가을에 침엽수림 또는 활엽수림 내의 이끼 사이에서 군생~산생으로 발생한다.

| 감별해야 할 식용버섯 | 무리우산버섯과 구별해야 한다. 본 종은 식용버섯인 무리버섯(*Kuheneromyces mutabilis*)과 매우 유사하다. 무리버섯은 주로 활엽수의 고사목에 발생하며, 밀가루 맛과 냄새가 없고, 턱받이 하부의 대 표면에 갈색의 인피가 있으며, 포자 표면은 평활하고 발아공이 있으며, 시스티디아가 불분명하다는 점이 다르다.

| 식용 가능 여부 | 독버섯(맹독성). 버섯 1~3개(50g)가 치명적인 용량의 아마톡신을 함유하고 있다.

②

③

❺ 황갈색의 주름살

ㄱ

환각 중독을 일으키는

갈황색미치광이버섯

Gymnopilus spectabilis (Fr.) Singer

분류 담자균문(Basidiomycota) 주름버섯강(Agaricomycetes)
주름버섯목(Agaricales) 포도버섯과(Strophariaceae)
미치광이버섯속(*Gymnopilus*)

| 형태적 특징 | 갓은 38~137㎜로 원추형~종형이나 성장하면 반반구형~편평형으로 된다. 건성이고 등황황색~등황갈색을 띠며, 초기에는 미세한 벨벳상이거나 평활하나 성장하면 표면이 갈라져 가느다란 섬유질 인피를 형성한다. 갓 끝은 상당 기간 안쪽으로 말려 있으며, 종종 갓의 끝에 내피막의 잔유물인 담황색~담황토색을 띤 섬유상 막질이 부착되어 있다. 조직은 유황색~등황색이며 맛은 쓰다. 주름살은 홈주름살~짧은내린주름살이며, 빽빽하고 황색을 띠나 성장하면 황갈색~밝은 적갈색을 띤다. 대는 55~145×7~25㎜로 하부 쪽은 굵으며 기부는 다시 가늘어져 방추형이다. 턱받이 상부는 옅은 황금색을 띠며 백색의 분질이 있고, 턱받이 아래쪽은 황토황색~적갈색을 띠며 백색의 섬유질 인피가 있다. 턱받이는 막질이고 영존성이며 담황색을 띠나 포자가 떨어지면 황갈색~갈색을 띤다. 조직은 단단하고 섬유상 육질이며, 옅은 황색을 띤다.

❶ 내피막의 흔적인 턱받이에 갈색의 포자가 낙하되어 있음 ❷ 빽빽한 주름살

포자문은 담적갈황색이며, 포자는 7.2~9.8×4.2~6.4㎛로 타원형이고, 표면에 작은 돌기와 포자반이 있다. 담자기는 협곤봉형이며, 4(2)-포자형이고, 기부에 협구가 있다. 날시스티디아는 24.4~50.6×5.7~10.7㎛로 협호야형이고, 정단부는 팽대하여 유구형이다. 측시스티디아는 날시스티디아와 모양과 크기가 유사하다. 갓 표피상층은 평행균사로 되어 있으며, 황색색소가 있고, 균사에 협구가 있다.

| 발생 시기 및 장소 | 주로 경기도 광릉, 지리산 등지에서 여름과 가을에 활엽수 고사목의 그루터기 주위 또는 살아있는 나무 뿌리의 주위에서 발견된다.

| 식용 가능 여부 | 독버섯이다.

❸ 인피가 있는 대 표피

❹ 갓의 인피

위장관 자극 중독을 일으키는

갓그물버섯

Pulveroboletus ravenelii (Berk. & M.A. Curtis) Murill

분류 담자균문(Basidiomycota) 주름버섯강(Agaricomycetes)
그물버섯목(Boletales) 그물버섯과(Boletaceae)
갓그물버섯속(*Pulveroboletus*)

| 형태적 특징 | 갓은 크기가 3~11㎝로 모양은 초기에 반구형이나 후에 편평형으로 되며, 표면은 습할 때 다소 미끈미끈한 레몬색의 분질물이 밀포된다. 조직은 흰색~담황색을 띠고 상처 시에는 청색으로 변한다. 관공은 담황색이나 후에 암갈색을 띠고, 초기에는 레몬색 거미집 모양의 내피막으로 둘러싸여 있으나 성장하면 대부분 갓 끝에 붙어 있으며, 대는 크기가 3~10㎝×5~11㎜로 모양은 굴곡형이며, 표면은 갓과 같은 분질물로 덮여 있고, 레몬색의 턱받이는 흔적만 있다.

포자문은 올리브갈색이며, 포자 크기는 7.5~13.5×4~6㎛이고, 모양은 긴방추형으로 평활하다. 담자기는 크기가 22.5~35×10.5~14.5㎛이고 4-포자형이다. 날시스티디아는 크기가 45.5~72.4×8.5~14.5㎛이고 협방추상원통형이며, 세포벽은 얇고 무색이다. 측시스티디아는 날시스티디아와 모양과 크기가 유사하다. 자실층 조직은 젤라틴질이며 갈빗살형이다.

| 발생 시기 및 장소 | 여름과 가을에 침엽수림(적송, 소나무) 임내 지상에 단생 또는 2~4개씩 군생하며, 균근형성균이다.

❶ 습할 때 미끈거리며 분질물이 생기는 갓 표면 ❷ 레몬색 거미집 모양의 내피막
❸ 어릴 때는 내피막이 관공을 싸고 있음

| 감별해야 할 식용버섯 | 그물버섯류, 비단그물버섯류, 껄껄이그물버섯류와 구별이 필요하다.

| 식용 가능 여부 | 독버섯이다.

❹ 성장하면 황색을 띰

❼ 올리브갈색의 관공 ❽ 턱받이는 갓 끝 부위 대의 상단에 부착하거나 갓 끝 부위에 부착

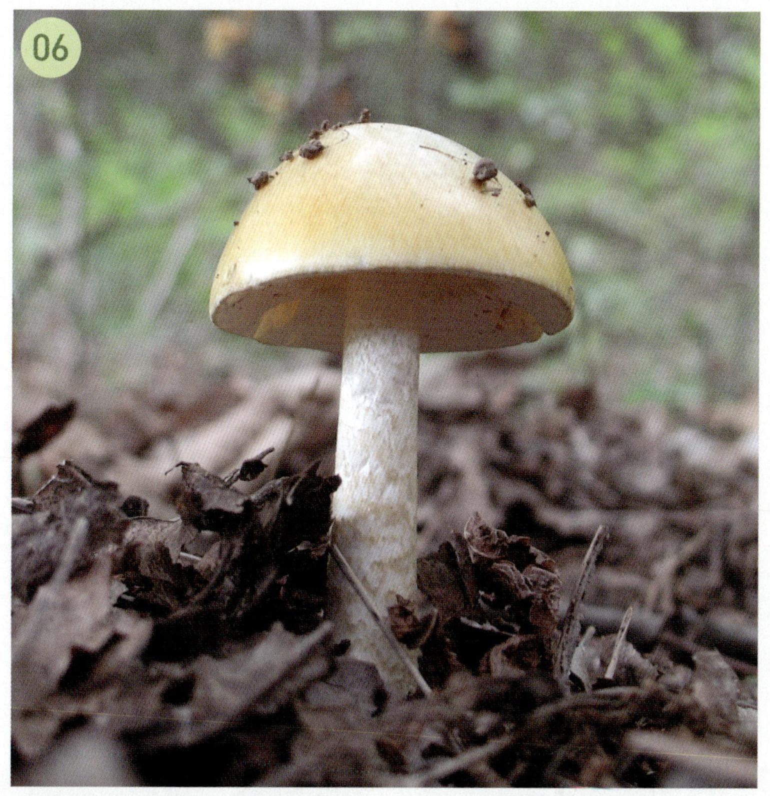

아마톡신 중독을 일으키는

개나리광대버섯

Amanita subjunquillea S. Imai

분류 담자균문(Basidiomycota) 주름버섯강(Agaricomycetes)
주름버섯목(Agaricales) 광대버섯과(Amanitaceae)
광대버섯속(*Amanita*)

| 형태적 특징 | 자실체는 초기에는 백색의 작은 난형(달걀 모양)이나 점차 윗부분이 갈라져 갓과 대가 나타난다. 갓은 34~78㎜로 원추상 난형~원추상반구형이나 성장하면 반반구형~중고편평형으로 된다. 표면은 습할 때 다소 점성이 있고, 밝은 등황색~황토색 또는 녹토황색을 띤다. 조직은 육질형이며 백색이다. 주름살은 떨어진주름살이고 약간 빽빽하며, 백색이나 주름살날은 다소 분질상이다. 대는 54~115×6~10㎜로 원통형이며, 기부는 구근상이다. 표면은 건성이고, 백색~옅은 황색 바탕에 담갈황색의 섬유상 인피가 있다. 턱받이는 막질형으로 백색~옅은 황색이다. 대주머니는 백색~옅은 갈색을 띠며 막질형이다.

포자문은 백색이고, 포자는 6.3~8.9×5.5~7.5㎛로 유구형~구형이며 아밀로이드이다. 날시스티디아는 21.5~34.6×12.3~22.8㎛로 서양배~난형이며 종종 다발형이다. 자실층 조직은 갈빗살형이며, 균사에는 협구가 있다.

| 발생 시기 및 장소 | 여름과 가을에 침엽수림 또는 활엽수림 내 지상에 산생 혹은 단생하는 외생균근균이며, 전국적으로 발생한다.

❶ 알 형태 ❷ 갓이 펼쳐지기 전 상태 ❸ 자실체 전체 모양

ㄱ

| 감별해야 할 식용버섯 | 노란달걀버섯과 구별해야 한다. 노란달걀버섯은 식용버섯이며, 여름부터 가을에 활엽수림 또는 혼합림 내 지상에서 흩어져 발생한다. 갓의 표면과 턱받이는 황색이고, 주름살은 담황색이다. 대의 표면에는 담황색, 뱀껍질 모양의 무늬가 있고, 상부에 종으로 여러 홈이 있으며, 대의 기부에는 두꺼운 흰색 막상의 대주머니가 있다. 경북 지방의 일부 지역에서는 사람들이 이 버섯을 '꾀꼬리버섯' 으로 잘못 부르고 있다. 간혹 이 버섯과 형태적으로 매우 유사한 개나리광대버섯을 잘못 알고 먹어 중독사고가 발생하고 있으며, 생명을 잃기도 한다.

개나리광대버섯은 독우산광대버섯과 같이 맹독성 버섯이다. 이 버섯은 노란달걀버섯과 형태적으로 유사하나 갓 색깔은 밝은 등황색 내지 녹황색을 띠며, 주름살과 턱받이는 흰색이고, 대의 표면은 옅은 등황색을 띤다. 대의 기부에는 얇은 흰색 막상의 대주머니가 있다. 이 버섯에 의한 중독증상은 독우산광대버섯에 의한 중독증상과 매우 유사하다.

| 식용 가능 여부 | 독버섯(맹독성). 버섯 1~3개(약 50g)가 치명적인

❺ 턱받이 ❻ 주름살과 떨어진 턱받이 형태

용량의 아마톡신을 함유하고 있다.

❼ 대주머니 ❽ 개나리광대버섯(상단) · 독우산광대버섯(하단)과 동전의 크기 비교
❾ 개나리광대버섯과 동전의 크기 비교 ❿ 자실체 전체 모양

07

환각 중독을 일으키는

검은띠말똥버섯

Panaeolus subbalteatus (Berk. & Broome) Sacc.

분류 담자균문(Basidiomycota) 주름버섯강(Agaricomycetes)
주름버섯목(Agaricales) (Incertae sedis)
말똥버섯속(*Panaeolus*)

| 형태적 특징 | 갓은 15~45㎜로 유구형이나 성장하면 반구형, 반반구형~중고편평형으로 된다. 표면은 습할 때 암적갈색을 띠나 건조하면 담황토색~담황토갈색을 띠고, 평활하나 드물게는 갈라져 미세한 인피를 형성한다. 갓 끝은 주름살보다 신장된 갓깃을 형성하지 않는다. 조직은 얇고 담황색을 띤다. 주름살은 완전붙은주름살이며 약간 빽빽하고, 회색~회백색이나 점차 적갈색~암갈흑색의 반점이 나타나고 전체가 흑색으로 된다. 주름살날은 백색이고 분질상이다. 대는 45~85×2~5㎜로 원통형이며 가늘고 길다. 표면은 유백색~옅은 적갈색을 띠며 백색의 분질물이 덮여 있다. 대 속은 비어 있고 연골질이다.

포자문은 갈흑색~흑색이고, 포자는 11.7~15.1×6.8~10.5×6~7㎛로 레몬형~타원형이며, 분명한 발아공이 있고 포자벽은 두껍다. 날시스티디아는 33.8~67.2×6.7~10.4㎛로 굽은원통형, 방추형, 편복형이다. 측시스티디아는 없다. 갓 표피상층은 폭이 8~25㎛인 유구형 세포로 구성되어 있으며, 크기가 22.4~45.7×10.3~21.5㎛인 직립의 곤봉형~서양배 모양 또는 원통형의 갓시스티리

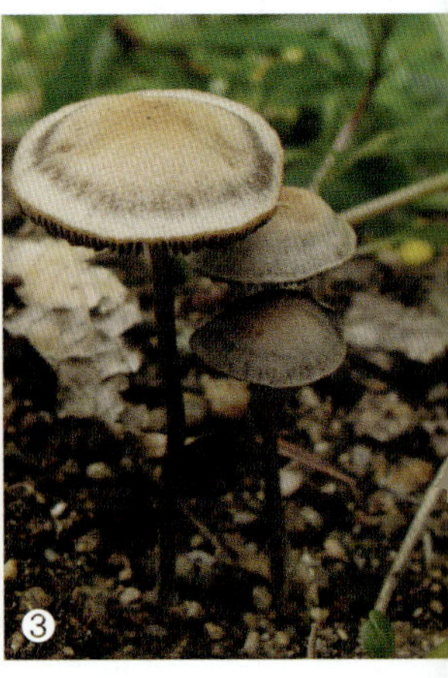

❶ 퇴비에 발생한 자실체 ❸ 갓 끝에 검은색의 띠가 형성된 경우

아형의 세포가 산재해 있다. 대시스티디아는 날시스티디아와 모양과 크기가 비슷하다.

| 발생 시기 및 장소 | 여름과 가을에 목초지의 소나 말의 배변물에서 발생한다. 버섯의 포자가 풀잎에 붙어 있다가 초식동물(말이나 소 등)이 풀을 먹으면 초식동물의 장기를 통과하여 나오면서 포자 발아가 시작되기 때문이다. 발생장소는 목장말똥버섯과 거의 동일하나 발생시기는 다소 늦다.

| 식용 가능 여부 | 독버섯이다.

❼ 퇴비를 이고 올라오는 어린 버섯 ❽ 검은색 포자를 함유한 주름살

❾ 주름살에 생긴 곤충집 ⓬ 검은 띠가 있는 갓

환각 중독을 일으키는

검은쓴맛그물버섯

Tylopilus nigerrimus (R. Heim) Hongo & M. Endo

분류 담자균문(Basidiomycota) 주름버섯강(Agaricomycetes)
그물버섯목(Boletales) 그물버섯과(Boletaceae)
쓴맛그물버섯속(*Tylopilus*)

| 형태적 특징 | 갓은 55~135㎜로 반구형~반반구형이고, 성장하면 편평하게 펴진다. 표면은 건성이고 올리브회색이나 성장하면 흑색~자흑색으로 되며 평활하거나 미세한 털이 있다. 조직은 두껍고 육질형이며 담회백색~담녹황색이나 상처 시 흑색으로 변한다. 약간 쓴맛~산맛이 난다. 관공은 대에 끝붙은관공형으로 점차 대 주위가 함입되어 떨어진관공형이 되고, 초기에는 담회황색~녹회색을 띤다. 후에 등회색~자회색으로 되고 상처 시 서서히 흑색으로 된다. 관공구는 유각형이고 관공과 같은 색을 띠며, 상처 시 흑변한다. 대는 45~120×10~25㎜로 원통형이다. 전면에 현저한 돌기상 망목이 있으며 황록색~회황색이고, 성장하면 기부에 올리브황색~갈황색의 인피가 나타나며 상처 시에 흑색으로 된다. 성숙한 대 기부의 조직은 부분적으로 젤라틴화된다.

포자문은 상아색~베이지색이며, 포자는 8.5~12.2×4.5~5.5㎛이고 유방추형이다. 담자기는 4-포자형이며, 기부에 협구가 없다. 날

❶ 갓 표면에 미세한 털이 있는 어린 자실체

시스티디아는 20.5~44.6×4.7~10.4㎛로 곤봉상방추형~원통상방추형이며, 정단 부위가 약간 신장되어 있다. 측시스티디아는 모양과 크기가 날시스티디아와 유사하다. 자실층 조직은 갈빗살형이다. 갓 표피상층은 혼선형 균사로 구성되어 있으며, 종종 적갈색색소가 있고 격막에 협구가 없다.

| 발생 시기 및 장소 | 여름과 가을에 적송림과 참나무가 많은 지상에 자생한다.

| 감별해야 할 식용버섯 | 흰굴뚝버섯과 구별해야 한다. 식용버섯인 흰굴뚝버섯은 송이가 발생되고 난 후 늦가을에 솔밭에서 발생되는 버섯이다. 검은쓴맛그물버섯보다 조직이 훨씬 촘촘하며 대가 짧다.

| 식용 가능 여부 | 독버섯이다. 갓은 아리고 쓴맛이 강하며, 대는 쓴맛이 있고 치즈향이 난다.

❷ 그물망 무늬의 대 표면 ❸ 성숙하면 연분홍을 띠는 관공
❹ 자실체에 상처를 주면 처음에는 붉은색이나 후에 검은색으로 변함

지로미트린 중독을 일으키는

게딱지버섯

Discina perlata (Fr.) Fr.

분류 자낭균문(Ascomycota) 주발버섯강(Pezizomycetes) 주발버섯목(Pezizales) 원반버섯과(Discinaceae) 게딱지버섯속(*Discina*)

ㄱ

|형태적 특징| 자낭반은 크기가 35~150㎜로 초기에 컵 모양이나 곧 편평하게 퍼지고, 종종 갓 끝 부위는 파상형으로 위로 반전되어 있다. 상면의 자실층은 갈색~적갈색을 띠며 요철상이고 종종 주름상이다. 불임성 부위인 하면은 유백색, 황토색 또는 담분홍색이고, 종종 분지나 간맥이 있다. 대는 길이가 5~12×8~30㎜로 짧고 뭉툭하고 홈주름상이며, 연골질이고 속은 차있다.
포자는 크기가 22~30×12.4~13.6㎛로 타원형~방추형이고 표면에 미세한 사마귀상 돌기가 있으며, 성장 후에 미세한 망목이 있고 양쪽 끝에 무색의 뾰족한 돌기(3~6㎛)가 있으며, 2~3개의 수포가 있다. 자낭은 크기가 300~400×14.5~20㎛로 멜저용액에서 비아밀로이드이며, 8개 자낭포자가 있다. 측사는 사상이고 격막이 있으며, 정단 부위는 다소 곤봉상(폭 8~9㎛)이고 갈색 입자가 있다.

|발생 시기 및 장소| 봄~초여름에 침엽수림 내 부식질이 풍부한 지상 또는 잘 썩거나 고사목, 땅속에 매몰된 나무 위에 단생 소수

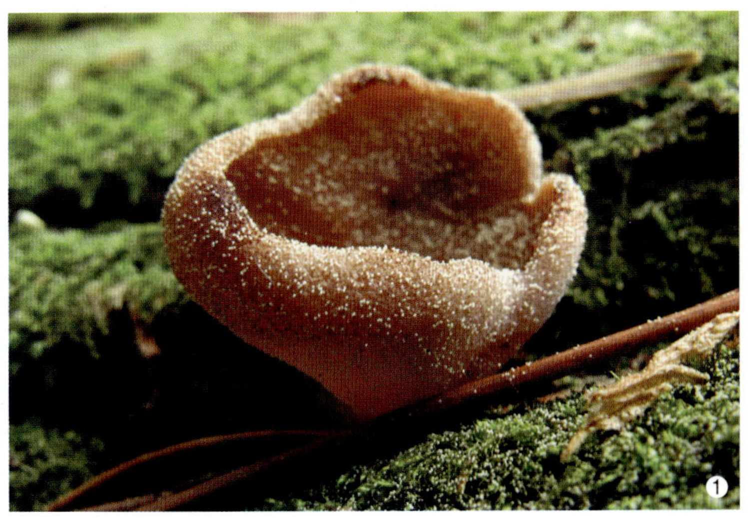

❶ 파상형의 갓

군생하는 부후균이다. 국내에서 드물게 발생한다.

| 식용 가능 여부 | 독버섯이다.

❷ 연골질의 대 ❹ 주발 모양의 자실체
❺ 송홧가루 날릴 때 자실체가 발생하므로 유황색의 분질물이 묻어 있음

⑥
⑦

❾ 전나무 부후목에 발생한 자실체

10

ㄱ

환각 중독을 일으키는

계란모자버섯

Anellaria semiovata (Sowerby) A. Pearson & Dennis

분류 담자균문(Basidiomycota) 주름버섯강(Agaricomycetes) 주름버섯목(Agaricales) 먹물버섯과(Coprinaceae) 모자버섯속(*Anellaria*)

| **형태적 특징** | 갓은 10~30㎜로 유구형~난형이나 성장하면 종형~반구형으로 된다. 갓 끝은 백색의 내피막으로 싸여 있고, 성장하면 갓깃을 형성한다. 표면은 평활하나 건조하면 종종 귀열상으로 갈라지며, 습할 때 매끄럽고 담황토색~담갈황토색이다. 조직은 백색이고, 중앙 부위는 두껍다. 주름살은 완전붙은주름살이며 약간 빽빽하고, 회색~회백색이나 포자가 성숙하면 점차 회갈색~암갈흑색의 반점이 나타나며, 후에 주름살 전체가 흑색으로 된다. 주름살날은 백색이고 분질상이다. 대는 38~142×2~7㎜로 가늘고 길며, 기부는 다소 괴근상이다. 표면은 평활하고 유백색이며 백색의 분질물이 있고, 성장하면 갓과 같은 색을 띠며 종으로 홈선이 나타난다. 대 속은 비어 있고 연골질이다. 턱받이는 막질이며 백색이고, 대의 1/2에 있다. 포자문은 흑색이고, 포자는 15.1~20.5×8.6~11.4㎛로 타원형이고 분명한 발아공이 있고 포자벽은 두껍

❶ 난형의 갓

ㄱ

다. 담자기는 4-포자형이며, 기부에 협구가 있다. 날시스티디아는 27.8~53.2×6.7~18.4㎛로 원통형 · 곤봉형~편복형 또는 정단 부위가 갈라진 포크형 등 다양하다. 측시스티디아는 30.4~42.6×18.4~25㎛로 곤봉형 · 편복형~소포형(vesiculose)이며, 세포벽은 얇고 노란시스티디아형(chrysocystidioid)이 대부분이다. 갓 표피상층은 유구형~서양배 모양의 세포로 구성되어 있으며, 종종 옅은 갈색의 색소가 있다. 격막에 협구가 없다.

| 발생 시기 및 장소 | 봄과 가을에 목초지의 소나 말의 배변물에서 발생한다. 버섯의 포자가 풀잎에 붙어 있다가 초식동물(말이나 소 등)이 풀을 먹으면 초식동물의 장기를 통과하여 나오면서 포자 발아가 시작되기 때문이다.

| 식용 가능 여부 | 독버섯이다.

❷ 막질의 턱받이

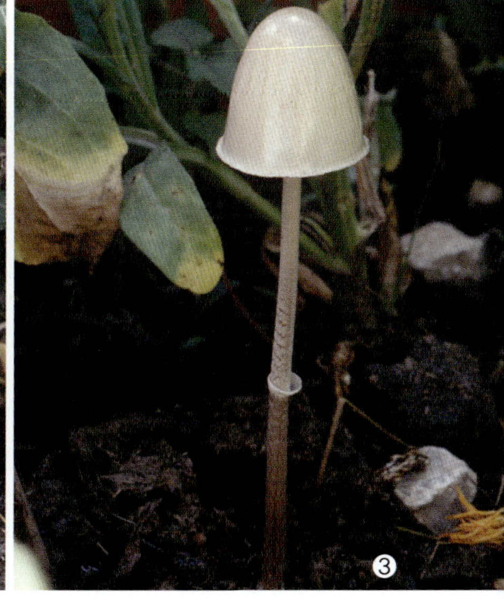

❸ 대의 1/2 정도에 위치한 턱받이

11

지로미트린 중독을 일으키는

곰보버섯

Morchella esculenta (L.) Pers.

분류 자낭균문(Ascomycota) 주발버섯강(Pezizomycetes) 주발버섯목(Pezizales) 곰보버섯과(Morchellaceae) 곰보버섯속(*Morchella*)

ㄱ

| 형태적 특징 | 자실체 전체의 크기는 45~115㎜로 중형이다. 갓은 26~54×23~35㎜로 대 상부에서 1/2~2/3까지 대를 싸고 있으며, 아래쪽의 갓 끝은 대에 부착되어 있다. 모양은 원추형, 유구형 또는 원추상난형이며, 표면은 호두 껍데기 모양의 불규칙한 홈이 있으며, 홈은 깊고 현저하며 각형 · 유구형 · 타원상각형이다. 황토색~토황색, 황토밀색을 띠며, 홈구는 옅은 황색~옅은 황토색을 띤다. 자실층은 갓의 표면인 홈에 고루 분포되어 있다. 조직은 백색~황토색이고 다소 탄력성이 있으며, 맛과 향기는 불분명하다. 대는 크기가 44~110㎜로 원통형이고 기부 쪽이 굵다. 표면은 다소 불분명한 주름이 있으며 백색을 띠고, 평활하거나 작은 비듬상 돌기~거친 분질물이 있으나 쉽게 탈락한다. 속은 비어 있다.

자낭포자는 크기가 15.6~22.8×10.3~13.6㎛로 타원형이며, 표면은 평활하고 색소가 없으며, 양쪽 끝에 작은 기름방울들이 있다. 자낭은 크기가 312.8~367.3×16.3~21.2㎛로 원통형이며 기부는 가늘어지고, 세포벽은 얇으며 자낭 안에 8개 자낭포자를 내포하고 있고, 자낭 정단부는 멜저용액에서 비아밀로이드이다. 자실측사(paraphyses)는 사상이며 분지가 있고, 격막이 있으며 무색이고, 정단부는 다소 팽대되어 있으며 세포벽은 얇다.

❶ 곰보버섯의 복합종

| 발생 시기 및 장소 | 봄(4~5월)에 활엽수림(벚나

무, 물푸레나무 등)이 많은 지상에 산생하거나 소수 군생한다. 국내에서는 다소 드물지만 한반도 전역에서 발견된다.

| 식용 가능 여부 | 어린 버섯은 식용이 가능하지만 노균일 경우에는 중독되는 경우가 있으며, 어린 버섯이라도 많은 양을 섭취하는 경우에는 독에 의한 중독증상이 발생할 수도 있다.

❷❸ 호두 껍데기 모양의 머리 ❹ 검은색을 띤 어린 자실체

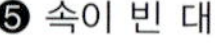

❺ 속이 빈 대

❻ 원추형의 갓

위장관 자극 중독을 일으키는

광비늘주름버섯

Agaricus praeclaresquamosus A. E. Freeman

분류 담자균문(Basidiomycota) 주름버섯강(Agaricomycetes)
주름버섯목(Agaricales) 주름버섯과(Agaricaceae)
주름버섯속(*Agaricus*)

| 형태적 특징 | 갓은 54~96㎜로 반구형이나 성장하면 반반구형~편평하게 펴지며 중앙볼록편평형으로 된다. 표면은 평활하고, 암갈색~초콜릿갈색이나 성장하면 갈라져 유백색 바탕에 회갈색~흑갈색의 섬유상 인편이 형성된다. 조직은 백색이다. 주름살은 떨어진주름살이며 빽빽하고, 초기에는 백색이나 점차 분홍색을 띠다가 흑갈색으로 된다. 주름살날은 평활하다. 대는 55~113×5~9㎜로 상하 굵기가 비슷하나 기부는 다소 괴근상(16㎜)이다. 표면은 섬유질이며 견사상 광택이 나고 백색이며, 대 기부는 문지르면 황색으로 변한다. 대의 속은 점차 빈다. 턱받이는 막질이며 백색이고, 2중 턱받이이다.

포자문은 암자갈색이고, 포자는 4.6~6.7×3.5~4.2㎛로 타원형이며 포자벽은 두껍다. 담자기는 4(2)-포자형이다. 날시스티디아는 13.2~20.5×8.7~15.3㎛로 유구형~난형이다. 측시스티디아는 없다. 자실층 조직은 혼선형이다. 갓 표피상층은 평행세포로 구성되어 있으며, 균사에 협구가 없다.

| 발생 시기 및 장소 | 여름부터 가을에 걸쳐서 혼합림의 부식질이

❶ 초콜릿갈색의 어린 버섯 ❷ 포자를 보호하는 내피막 ❸ 갓 표면에 섬유상 인피 밀포

ㄱ

많은 곳에서 산생하거나 소수 군생한다.

| 감별해야 할 식용버섯 | 주름버섯

| 식용 가능 여부 | 독버섯이다. 유럽 및 북미에서도 독버섯으로 기록되어 있다. 특히 대 기부를 자르거나 문지를 때 선명하게 황색으로 변하는 주름버섯류는 독버섯이 많으므로 주의해야 한다.

❻ 막질의 턱받이 ❼ 포자가 성숙하면 진한 갈색으로 변하는 주름살

위장관 자극 중독을 일으키는

긴골광대버섯아재비

Amanita longistriata S. Imai

분류 담자균문(Basidiomycota) 주름버섯강(Agaricomycetes) 주름버섯목(Agaricales) 광대버섯과(Amanitaceae) 광대버섯속(*Amanita*)

ㄱ

| 형태적 특징 | 자실체는 백색의 작은 달걀 모양이나 상단 부위가 갈라져 갓과 대가 나타난다. 갓은 25~65㎜로 난형~종형이나 성장하면 반반구형~편평하게 펴진다. 표면은 평활하고, 습할 때 다소 점성이 있으며 회갈색~회색을 띠고 갓 주변부는 방사상으로 홈선이 있다. 조직은 비교적 얇고 백색이나 갓의 표피하층은 회색을 띤다. 주름살은 떨어진주름살로 약간 성글며 백색이나 점차 분홍색을 띤다. 주름살날은 분질상이다. 대는 45~110×4~8㎜로 원통형이고 상부 쪽이 다소 가늘다. 표면은 평활하거나 종으로 섬유상선이 있고 백색이다. 턱받이는 백색의 막질이다. 대주머니는 백색이고 얇은 막질이다.

포자문은 백색이고, 포자는 9.8~13.5×6.6~9.2㎛로 광타원형이며 비아밀로이드이다.

| 발생 시기 및 장소 | 여름과 가을에 활엽수림, 침엽수림 또는 혼합림의 지상에서 발견된다.

| 감별해야 할 식용버섯 | 긴골광대버섯아재비는 우산버섯과 매우

❶ 알(외피막)에 싸여 있는 자실체 ❸ 막질의 대형인 대주머니

유사하지만 주름살이 분홍색을 띠고, 대의 상부에 턱받이가 있다는 점이 다르다. 턱받이가 있다는 점에서 긴골광대버섯아재비는 턱받이광대버섯(*A. spreta* (Peck) Sacc.)과 매우 비슷하지만, 후자는 주름살이 백색이란 점에서 쉽게 구별된다.

| 식용 가능 여부 | 독버섯이다.

❹ 건조할 때 떨어지는 갓 위의 외피막 흔적 ❻ 띠가 있는 대 ❼ 갓 가장자리의 홈선

❽ 건조해서 외피막이 터진 상태

14
황갈색의 과립상 분질물이 있는 대 표면

위장관 자극 중독을 일으키는

깔때기무당버섯

Russula foetens (Pers.) Pers.

분류 담자균문(Basidiomycota) 주름버섯강(Agaricomycetes)
무당버섯목(Russulales) 무당버섯과(Russulaceae)
무당버섯속(*Russula*)

| 형태적 특징 | 갓은 52~128㎜로 반구형~반반구형이고, 끝은 안쪽으로 굽어 있으나 성숙하면 중앙오목편평형, 종종 갓 끝 부위가 위쪽으로 반전되어 바닥이 얕은 깔때기형으로 된다. 표면은 황토갈색~갈황색을 띠고 습할 때는 점성이 있고, 갓 주변부에는 방사상의 돌기선이 있으며, 갓 표피층은 잘 분리되지 않는다. 조직은 다소 얇으며 잘 부서지고 옅은 황토색이다. 다소 불쾌한 냄새가 나고 약간 맵다.

주름살은 끝붙은주름살~떨어진주름살이며 담황색이나 후에 갈색으로 얼룩지며, 성장 초기나 신선할 때 물방울을 분비한다. 대는 53~109×8~25㎜로 원통형이며, 상하의 굵기가 비슷하다. 표면은 백색~담황색을 띠며, 평활하고 종으로 선이 있다. 성장하면 속은 해면질이다.

포자문은 담황색이고 포자는 6.2~7.9×4.8~7.5㎛로 넓은 난형~유구형이고, 표면에는 크고 현저한 돌기와 드물게는 불완전한 망목상 돌기가 있으며, 표면의 돌기는 아밀로이드이다. 담자기는 4-

❶ 황토갈색의 어린 자실체

❷ 갓 주변부의 방사상 돌기선

포자형이다. 날시스티디아는 35~88×4.8~8.5㎛로 방추형이나 상부가 잘록형(1~3회)이다. 측시스티디아는 50~130×10.8~14.5㎛로 모양은 날시스티디아와 유사하거나 더 크다.

| 발생 시기 및 장소 | 주로 여름과 가을에 침엽수림 또는 혼합림의 지상에서 소수 군생한다.

| 식용 가능 여부 | 준독성을 지닌다.

❸ 상하 굵기가 같은 원통형의 대

15

ㄱ

위장관 자극 중독을 일으키는

꽃잎우단버섯

Paxillus curtisii Berk.

분류 담자균문(Basidiomycota) 주름버섯강(Agaricomycetes)
그물버섯목(Boletales) 우단버섯과(Paxillaceae)
우단버섯속(*Paxillus*)

| 형태적 특징 | 갓은 직경이 25~70㎜로 초기에는 반원형~신장형 · 부채형이고, 갓 끝은 초기에 안쪽으로 심하게 말려 있으며 상당 기간 말려 있다. 표면은 황색을 띠며 평활하거나 다소 벨벳상이다. 조직은 다소 두껍거나 얇고 육질형이며 담황색을 띤다. 상처 시 변색하지 않는다. 신선한 자실체에서는 불쾌한 냄새가 있으며, 맛은 특별하지 않다.

주름살은 폭이 2~3㎜로 기질에 부착된 부위에서부터 방사상으로 배열되어 있고, 공기필터상으로 주름이 잡혀 있거나 규칙적으로 수회 분지되어 있고, 주름살 측면에 현저하게 종으로 주름이 있다. 종종 대의 부근에서 다소 망목상을 이룬다. 초기에 갓보다 짙은 황색~황금색을 띠고, 후에 담올리브색을 띠며, 상처 시 변색하지 않는다. 다소 빽빽하며, 주름살날은 평활하다. 대는 없고 갓의 측면이 기질에 부착되어 있다.

포자는 크기가 3.2~4×1.5~2㎛로 타원형~원통형이며, 얇고 비아밀로이드이다. 포자문은 올리브황색을 띤다. 담자기는 크기가 15.5~20.5×3.5~4.5㎛로 4-포자형이며, 기부에 협구가 있다. 날시스티디아는 12.5~18.5×3.5~4㎛로 방추형으로 정단 부위는 뾰

족하지 않으며, 세포벽은 얇으며 무색이다. 측시스티디아는 날시스티디아와 모양과 크기가 비슷하다. 자실층 조직은 갈빗살형이다. 균사에 환상의 현저한 협구가 있다.

| 발생 시기 및 장소 | 여름~가을에 주로 침엽수의 고사목상에 복생하거나 군생하는 갈색부후균이다. 최근에는 공원의 의자나 데크에 자주 발생한다.

| 감별해야 할 식용버섯 | 느타리, 참부채버섯과 구별해야 한다.

| 식용 가능 여부 | 독버섯이다.

❷ 공기필터형의 주름살 ❹ 대 없이 기주에 부착하는 자실층

16
유황색의 면모상 인피가 밀포된 갓

위장관 자극 중독을 일으키는

노란각시버섯

Leucocoprinus birnbaumii (Corda) Singer

분류 담자균문(Basidiomycota) 주름버섯강(Agaricomycetes)
주름버섯목(Agaricales) 주름버섯과(Agaricaceae)
각시버섯속(*Leucocoprinus*)

| 형태적 특징 | 갓은 크기가 25~55㎜(유럽문헌에는 70㎜)이고, 모양은 성장 초기에 원추형이나 성장하면 종형반반구형~중앙볼록편평형으로 된다. 표면은 건성이고 유황색~난황색을 띠고 면모상의 인피가 있으며, 주변 부위에는 방사상으로 홈선이 있어 부채형이다. 조직은 얇고 막질이며 황색이다. 맛과 향기는 불분명하거나 부드럽다. 주름살은 대에 떨어진주름살이고 약간 빽빽하며, 폭은 좁고 담유황색~담황색이다. 주름살날은 평활하다.

대는 크기가 45~75(100)×4~8(12)㎜로 원통형이고, 하부는 팽대하여 역곤봉형이다. 표면은 건성이며 유황색~난황색을 띠고, 평활하거나 분질이 있으며 다소 종으로 가늘고 미세한 섬유질~면모상이 있다. 성장하면 대의 속은 비어 있다. 턱받이는 막질이고 유황색~난황색을 띠며 조락성이다.

포자는 크기가 8~13.8×5.5~9㎛로 모양은 난형이고 평활하며, 포자벽은 두껍고 발아공은 분명하며, 무색이나 이질염색성(metachromatic)이다. 포자문은 백색이다. 담자기는 크기가 28.2~38.4×6~10.5㎛이고 곤봉형이며, 2(4)-포자형이고 기부에 협구가 없다. 날시스티디아는 크기가 30.8~44.5×6.7~10㎛이고, 모양은 원통형~곤봉형방추형·편복형 등 다양하며, 세포벽은 얇고 평활하며 무색이고 산재해 있다. 측시스티디아는 없다. 갓 중앙 부위는 표피세포는 불규칙한 원통형세포~유구형·유난형세포로 구성되어 있고, 크기가 14.5~50.6×5.5~18.5㎛로서 종종 분지가 있으며, 균사에 황갈색의 색소가 있고 협구가 없다.

| 발생 시기 및 장소 | 늦봄과 가을에 임내, 정원, 온실, 화분, 죽림 내 지상에 소수 군생 또는 단생한다. 비교적 흔한 종이다.

| 감별해야 할 식용버섯 | 큰갓버섯

| 식용 가능 여부 | 독버섯이다.

❶ 원추형의 어린 갓 ❷ 갓 끝 부위의 방사상의 홈선 및 대 기부의 면모상 인피

17

ㄴ

위장관 자극 중독을 일으키는

노란꼭지버섯

Inocephalus murrayi (Berk. & M.A. Curtis) Rutter & Watling

분류 담자균문(Basidiomycota) 주름버섯강(Agaricomycetes) 주름버섯목(Agaricales) 외대버섯과(Entolomataceae) 꼭지버섯속(*Inocephalus*)

| 형태적 특징 | 갓은 8~45㎜로 원추형~원추상종형이나 성장하면 원추상반반구형으로 갓 중앙 부위에 연필심 모양의 돌기가 있다. 습할 때 황색을 띠고 반투명선이 나타나며, 건조하면 담황색~황백색으로 퇴색되고 건변색 현상이 나타난다. 조직은 습할 때 황색을 띠나 건조하면 유백색이다. 주름살은 완전붙은주름살~끝붙은주름살이며 성글고 편복형이며 폭이 넓다. 초기에는 황색~황백색을 띠나 성장하면 육색을 띠고, 주름살날은 불규칙하게 갈라진다. 대는 15~75×2~4㎜로 상하 굵기가 비슷하며 종종 뒤틀려 있다. 표면은 평활하고 견사상 광택이 나며, 맑은 황색이고 종으로 섬유상 선이 있으며, 기부는 백색이고 속은 비어 있다.
포자문은 육색이며, 포자는 9.7~13.4㎛로 4각형(6면체)이다. 담자기는 (2)4-포자형이고 기부에 협구가 있다. 날시스티디아는 80.3~112.7×10.3~21.7㎛로 원통형~곤봉형이며 세포벽은 얇다. 측시스티디아는 없다. 자실층 조직은 평행형이다. 갓 표피상층은 평행균사로 되어 있으며 젤라틴질이 없고, 종종 균사에 협구가 있다.

연필심 모양의 돌기

| 발생 시기 및 장소 |
주로 여름과 가을에 혼합림(침엽수와 활엽수)의 지상에서 매우 빈번하게 발생한다.

| 식용 가능 여부 |
독버섯이다.

위장관 자극 중독을 일으키는

노란다발

Naematoloma fasciculare (Huds.) P. Karst.

분류 담자균문(Basidiomycota) 주름버섯강(Agaricomycetes)
주름버섯목(Agaricales) 독청버섯과(Strophariaceae)
개암버섯속(*Naematoloma*)

| 형태적 특징 | 갓은 2~4(8)㎝로, 원추형이나 후에 반반구형 또는 중고편평형으로 되며, 전체가 유황색 또는 황록색을 띤다. 주변부는 견사상 인편이 덮여 있으며, 초기에는 갓 끝은 안으로 말려 있고 종종 내피막의 일부가 갓 끝에 붙어 있다. 주름살은 완전붙은주름살이고 빽빽하며, 폭이 좁고 유황색~녹황색이다. 대는 5~12㎝×3~8㎜로 상하 굵기가 같으며, 유황색이나 후에 황갈색 또는 갈색으로 되고, 내피막은 백색~담황색의 섬유상이나 쉽게 소실, 포자가 낙하되어 암갈색의 내피막 흔적이 있다. 조직은 쓴맛이 난다. 포자문은 자갈색이며, 포자는 6.2~7.5×3.5~4.2㎛이며 타원형이고, 발아공이 있다. 담자기는 4-포자형이고, 기부에 협구가 있다. 날시스티디아는 22.5~36.8×7.5~9.4㎛이며, 호야형~편복형이다. 노란시스티디아는 27.5~42.3×9.1~12.4㎛로 호야형~원통형이나 정단 부위가 약간 돌출되어 있다. 갓 표피상층은 평행균사로 구성되어 있고, 세포 외벽 또는 세포 내에 색소가 있으며, 드물게 협구가 있다.

| 발생 시기 및 장소 | 봄~가을에 발생하며, 보통 침엽수의 고사목이나 활엽수 고사목에서 발견된다.

| 감별해야 할 식용버섯 | 식용버섯인 개암버섯과 매우 유사하다. 개암버섯은 가을에 밤이 떨어질 때 밤나무 그루터기에 소수 군생하며, 갓의 색은 적갈색을 띠고 백색의 얇은 섬유상 인피가 피복되어 있으며, 맛은 쓰지 않다는 점이 다르다. 노란다발은 거의 봄부터 가을까지 발생하며, 성장 초기에는 자실체 전체가 유황색이란 점과 조직을 씹으면 매우 쓰다는 점이 특징적이다.

| 식용 가능 여부 | 독버섯이다.

❶ 유황색의 갓 ❷ 견사상 인편이 있는 갓 주변부

❸ 쉽게 떨어지는 섬유상의 내피막 ❹ 상하 굵기가 같은 대가 있으며, 자실체는 다발성

⑥ 건조할 때는 갓 표면이 갈라지기도 함

❼ 황록색을 띤 성장한 자실체. 거미줄상의 턱받이 부분에 자갈색의 포자가 붙어 있음

ㄴ

위장관 자극 중독을 일으키는

노란젖버섯

Lactarius chrysorrheus Fr.

분류 담자균문(Basidiomycota) 주름버섯강(Agaricomycetes)
무당버섯목(Russulales) 무당버섯과(Russulaceae)
젖버섯속(*Lactarius*)

| 형태적 특징 | 갓은 32~85㎜로 반반구형~중앙오목반구형이고, 갓 끝은 대에 부착되어 있으나 성장하면 갓 끝이 펴지며 편평형~중앙오목편평형 또는 유깔때기형으로 된다. 표면은 평활하고 습할 때 약간 점성이 있으며, 황토황색~연한 육색을 띠고 짙은 색의 동심원상 환문이 있다. 갓 표피층은 잘 벗겨지며, 표피하층은 붉은색을 띠고 조직은 거의 백색이나 자르면 황변하며, 유액은 백색이나 상처 시 공기와 접하면 황변하며 매운맛이 난다. 주름살은 떨어진주름살~끝붙은주름살이며 약간 빽빽하고 백색이나 점차 담황색으로 되며, 주름살날은 평활하다. 대는 24~95×5~15㎜로 원통형으로 상하 굵기가 비슷하다. 표면은 평활하거나 다소 주름 모양의 종선이 있으며, 갓보다 옅은 색이나 후에 짙은 색으로 된다. 성장하면 대 속의 조직은 해면질화~비어 있다.

❶ 상처 시 나오는 흰색의 유액. 시간이 경과하면 노란색으로 변함

포자문은 백색이며, 포자는 8.3~10.2×6~7.8㎛로 유구형~난상 유구형이고, 표면에는 크고 작은 돌기와 미세한 망목이 있으며 아밀로이드이다. 담자기는 4-포자형이다. 날시스티디아는 45.8~76.4×8.8~12.3㎛로 둔방추형이며, 드물게는 상부 쪽의 세포벽은 두껍다. 측시스티디아는 모양과 크기가 날시스티디아와 유사하다. 갓 표피상층은 구형, 유구형~곤봉형의 세포와 사상의 균사로 구성되어 있다.

ㄴ

| 발생 시기 및 장소 | 주로 가을에 참나무나 소나무(적송)가 혼재한 산림의 지상에 소수 군생한다.

| 감별해야 할 식용버섯 | 배젖버섯

| 식용 가능 여부 | 독버섯이다.

❷ 갓에 황토색 톤의 동심원상 환문이 나타남

❸ 황변하는 유액과 평활한 주름살날

환각 중독을 일으키는

노란종버섯

Conocybe lactea (J.E. Lange) Métrod

분류 담자균문(Basidiomycota) 주름버섯강(Agaricomycetes) 주름버섯목(Agaricales) 소똥버섯과(Bolbitiaceae) 종버섯속(*Conocybe*)

| 형태적 특징 | 갓은 크기가 15~35㎜(문헌에는 35~45㎜)로 모양은 협원추형이나 후에 갓 끝 부위는 위쪽으로 약간 반전되며, 표면은 평활하고 습할 때 선이 보이며, 중앙부는 황토색이나 주변부는 크림색~담황백색을 띤다. 조직은 얇고 잘 부서진다. 주름살은 대에 끝붙은주름살형으로 약간 빽빽하며, 폭은 좁고 초기에는 담황백색이나 후에 황토갈색~적갈색을 띤다. 대의 크기가 5~12㎝×1.5~2.5㎜로 가늘고 길며, 기부는 구상이고 표면은 백색이나 미분으로 덮여 있으며, 중공이고 연약하며 잘 부서진다. 포자문은 적갈색이며, 포자의 크기는 12~15×7~8.5㎛로 타원형~난형이며 표면은 평활하고, 포자벽은 두꺼우며 발아공이 있다. 날시스티디아는 크기가 18.4~28×7~8.5㎛로 볼링 핀 모양이며, 소두는 3~4㎛이다.

| 발생 시기 및 장소 | 경기도 수원시 농촌진흥청 내 잔디밭, 강원도 치악산 부근 등지에서 발생하며, 여름~가을에 초원, 잔디밭 도로변, 이끼류 등에 산생한다.

| 식용 가능 여부 | 독버섯이다.

❶ 반반구형의 갓. 성장하면 약간 반전됨 ❸ 원추형의 자실체. 화본과 작물의 줄기에 발생함

위장관 자극 중독을 일으키는

노랑싸리버섯

Ramaria flava (Schaeff.) Quél.

분류 담자균문(Basidiomycota) 주름버섯강(Agaricomycetes)
나팔버섯목(Gomphales) 나팔버섯과(Gomphaceae)
싸리버섯속(*Ramaria*)

| 형태적 특징 | 자실체는 중형~대형이고 85~185×50~150㎜로 산호형이며, 자실체의 기부는 뭉툭하고 흰색을 띠며 폭은 10~55㎜이다. 그 위에 다수의 분지가 형성되며 위쪽으로 반복하여 분지가 나타난다. 상부로 갈수록 분지는 가늘어지며, 분지 끝은 보통 2개의 분지로 갈라지고, 갈라진 형태는 U자형 또는 V자형이다. 대의 기부를 제외하고는 유황색~레몬색이며, 분지 끝은 황색을 띠고 성숙 후에는 다소 퇴색하여 황토색을 띤다. 조직은 흰색이며 육질형이고, 상처 시 또는 시간이 지나면 다소 적색을 띤다. 맛은 기부 쪽은 부드러우나 분지 끝은 약간 쓴맛이 있다. 포자문은 황색이며 포자는 11.6~13.7×4~5.2㎛로 원통상타원형~긴타원형이고, 사마귀상 돌기가 있고 종종 인접한 돌기가 결합되어 있다. 담자기는 4-포자형이며 기부에 협구가 있다. 시스티디아는 없다. 균사조직은 제1균사형이고, 균사의 격막에 협구가 있다.

| 발생 시기 및 장소 |
주로 늦여름과 가을에 활엽수림 또는 침엽수림의 지상에 무리지어 발생한다.

U자 또는 V자로 갈라지는 분지

| 감별해야 할 식용버섯 |
싸리버섯

| 식용 가능 여부 |
준독성이다.

아마톡신 중독을 일으키는

독우산광대버섯

Amanita virosa (Fr.) Bertill.

분류 담자균문(Basidiomycota) 주름버섯강(Agaricomycetes)
주름버섯목(Agaricales) 광대버섯과(Amanitaceae)
광대버섯속(*Amanita*)

| 형태적 특징 | 자실체는 초기에 백색의 작은 달걀 모양이나 정단 부위가 갈라져 갓과 대가 나타나고 전체가 백색이다. 갓은 56~145㎜로 원추형~종형이나 성장하면 반반구형, 편평형~중앙볼록편평형으로 된다. 표면은 평활하고, 습할 때는 약간 점성이 있으며, 백색이나 중앙 부위는 종종 분홍색을 띤다. 조직은 얇고 육질형이며 백색이다. 생조직은 KOH 용액에서 황색으로 변한다. 주름살은 떨어진주름살이며, 빽빽하고 백색이며, 주름살날은 분질상이다. 대는 85~210×7~18㎜로 원통형이고, 기부는 구근상이다. 표면은 백색이고, 턱받이 아래쪽은 손거스러미상~섬유상 인피가 있다. 턱받이는 백색이고, 막질이다. 대주머니는 백색이고 막질이다. 포자문은 백색이고, 포자는 6.8~10.5×6.1~9.4㎛로 구형~유구형이며 아밀로이드이다. 날시스티디아는 9.4~24.7×7.3~13.2㎛로 곤봉형이다. 측시스티디아는 없다. 갓 표피상층은 평행균사로 구성되어 있으며, 젤라틴질 층이 있다.

ㄷ

| 발생 시기 및 장소 | 전국적으로 분포하며 여름과 가을에 잡목림 내 지상(특히 떡갈나무, 벚나무 부근)에서 단생 혹은 군생한다.

❶ 어린 자실체 ❷ 성숙한 자실체 ❸ KOH 용액에 노랗게 변색된 모습

| 감별해야 할 식용버섯 | 큰갓버섯, 유균상태의 말불버섯, 흰달걀버섯 등 다른 식용버섯과의 감별이 매우 중요하다. 성장한 자실체는 외부 형태가 주름버섯속의 식용버섯과 비슷하고 어린 달걀 모양 시기(egg stage)에는 식용버섯인 말불버섯류와 유사하므로 특히 주의해야 한다. 큰갓버섯은 대 위에 위아래로 움직일 수 있는 턱받이(일명, 띠)가 있고, 대의 기부에 막질의 대주머니가 없다는 점이 다르다. 독우산광대버섯은 대 표면에 손거스러미 모양의 인편이 있으며, KOH 용액을 떨어뜨리면 노란색으로 변한다는 점이 특징이다.

| 식용 가능 여부 | 독버섯(맹독성)이다. 독우산광대버섯은 '죽음의 천사(destroying angel)' 라고도 부르며, 우리나라에서 발생하는 광대버섯 중에서 독성이 가장 강한 맹독성 버섯이다. 버섯 1~3개(50g)가 치명적인 용량의 아마톡신을 함유하고 있다.

❹ 자실체 측면

❺ 주름살과 턱받이

❻ 왼쪽부터 1: 앙파광대버섯(독), 2 · 3: 독우산광대버섯(맹독), 4 · 5: 주름버섯(식용)

❼ 독우산광대버섯(좌)과 개나리광대버섯(우)의 주름살 및 갓 크기 비교

❽ 주름살 및 턱받이 형태[개나리광대버섯(좌), 독우산광대버섯(우)]
❾ 전체 모양 ❿ 어린 버섯

⓫ 어린 버섯 ⓬ 노화된 버섯

아마톡신 중독을 일으키는

두건에밀종버섯

Galerina calyptrata P.D.Orton

분류 담자균문(Basidiomycota) 주름버섯강(Agaricomycetes) 주름버섯목(Agaricales) 포도버섯과(Strophariaceae) 에밀종버섯속(*Galerina*)

ㄷ

| 형태적 특징 | 갓은 5~15㎜로 원추형~종형이나 성장하여도 반반구형이며 편평하게 펴지지 않는다. 표면은 평활하고 습할 때 반투명선이 보이며, 건조하면 건변색 현상이 나타나고 황토색~옅은 흙색을 띤다. 조직은 황토색이며 생밀가루 냄새가 난다. 주름살은 완전붙은주름살이며 약간 성글고, 폭은 좁으며 옅은 황색~황백색을 띠나 성장하면 황토색~갈황토색을 띠고, 주름살날은 백색 분질상이다. 대는 13~45×1~2㎜로 원통형이고, 기부는 유구근상이며 종종 굽어 있다. 표면은 평활하고 맑은 황토색이며, 기부 쪽은 갈색~짙은 황토색을 띤다. 상부를 제외한 전 표면에 백색의 미세한 섬유상 인피가 있다.
포자문은 황토갈색이며, 포자는 8.7~11.4×5~6.8㎛로 난형~복숭아(amyg-daliform)형이고, 평활하거나 미세한 점상돌기가 산재해 있으며, 포자점액막이 느슨하게 부착되어 있다. 담자기는 4-포자형이고, 기부에 협구가 있다. 날시스티디아는 31.3~48.7×5.3~8.7㎛로 원통형~반복적으로 볼록하게 팽창되어 있으며, 종종 정단부는 유두상이고 세포벽은 얇다. 측시스티디아는 없다. 자실층조직은 평행형이다. 갓 표피상층은 평행균사로 되어 있으며, 젤라틴질이 없고 종종 균사에 협구가 있다. 대시스티디아는 원통형이며, 세포벽은 얇고 무색이다.

| 발생 시기 및 장소 | 주로 여름과 가을에 침엽수 또는 활엽수의 고사목이나 떨어진 나뭇가지의 위에 군생~산생한다.

| 식용 가능 여부 | 독버섯(맹독성). 버섯 1개 내지 3개(50g)가 치명적인 용량의 아마톡신을 함유하고 있다.

코프린 중독을 일으키는

두엄먹물버섯

Coprinus atramentarius (Bull.) Fr.

분류 담자균문(Basidiomycota) 주름버섯강(Agaricomycetes)
주름버섯목(Agaricales) 주름버섯과(Agaricaceae)
먹물버섯속(*Coprinus*)

| 형태적 특징 | 갓은 35~75㎜로 난형이나 성장하면 종형 또는 원추상종형으로 발달한다. 표면은 담회색~담회갈색을 띠며, 종종 회갈색의 미세한 인편이 있다. 종종 중앙 부위를 제외하고 방사상으로 잔주름이나 홈선이 있다. 주름살은 끝붙은주름살이며, 빽빽하고 유백색이거나 옅은 회백색이며, 포자가 성숙하면 갓 끝쪽에서부터 자갈색~적갈색을 띠다가 흑색으로 변하며, 포자를 날린 후에 끝에서부터 액화현상이 나타난다. 대는 45~155×6~15㎜로 기부는 굵으며, 기부는 방추형 뿌리 모양이다. 성장하면 대의 속은 비어 있고, 대 기부 쪽에 내피막의 일부가 불완전한 턱받이를 이루고 있다. 포자문은 갈흑색~흑색이고, 포자는 7.6~11.2×4.8~6.5㎛로 타원형이고, 분명한 발아공이 있다. 날시스티디아는 40.4~72.6×14.6~33.8㎛로 원통형, 방추형, 낭형~곤봉형이다. 측시스티디아는 모양과 크기가 날시스티디아와 동일하다. 갓 표피상층은 짧은 평행균사로 구성되어 있으며, 종종 균사의 격막에는 작은 협구가 있다.

ㄷ

❶ 미세한 인편이 있는 갓

| 발생 시기 및 장소 | 두엄먹물버섯은 국내의 농가 주변이나 들판에서 흔히 아침에 발견되는 버섯이며 해가 뜨면서 먹물처럼 녹아내리는 특징이 있다. 봄과 가을에 정원, 화전지, 도로변의 퇴비더미 주위 또는 부식질이 많은 곳에서 발생하며 종종 활엽수의 부후목에 군생한다.

②

③

| 감별해야 할 식용버섯 | 먹물버섯

| 식용 가능 여부 | 독버섯이다. 알코올과 함께 섭취하면 소화기증상(구역질, 구토, 복통 등)을 유발하며, 증상은 3~4일 정도 지속되다가 자연 치유된다.

ㄷ

❹ 성장하면 액화현상이 일어남 ❻ 종형의 어린 자실체

8
9

❿ 검은색의 포자 낙하 ⓫ 건조해서 갓이 갈라진 상태

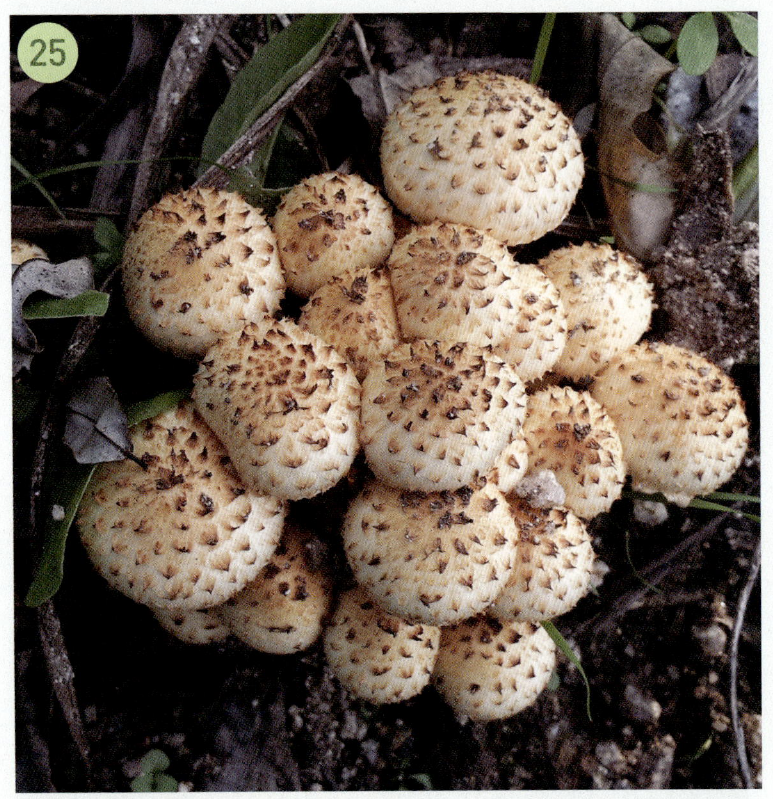

위장관 자극 중독을 일으키는

땅비늘버섯

Pholiota terrestris Overh.

분류 담자균문(Basidiomycota) 주름버섯강(Agaricomycetes)
주름버섯목(Agaricales) 포도버섯과(Strophariaceae)
비늘버섯속(*Pholiota*)

| 형태적 특징 | 갓은 27~87㎜로 둔원추형~반구형이나 성장하면 반반구형~거의 편평하게 펴지고 종종 중앙볼록형이다. 표면은 섬유상 인피가 있으며, 갓 끝쪽으로 섬유상 줄무늬가 있다. 종종 내피막의 일부가 갓의 끝에 부착되어 있으며, 인피하층에 젤라틴질층이 있다. 담갈색~회색을 띠나 성장하면 담황색 바탕에 갈색~황토갈색 인피가 있다. 조직은 두꺼우며 육질형이고, 담황색~옅은 갈색을 띤다.

주름살은 완전붙은주름살이며, 좁고 빽빽하며, 유백색~담황색이나 성장하면 담황갈색을 띤다. 대는 7~86×4~9㎜로 상하 굵기가 비슷하고 섬유상 인피로 덮여 있으며, 인피 끝은 반전되어 있다. 갓과 같은 담갈색~황토갈색을 띠며, 대는 기부에서부터 황색~갈색으로 변한다. 섬유상 턱받이가 있다.

포자는 4.2~6.5×3.4~4.5㎛로 타원형~넓은 타원형이며, 발아공은 작고 분명하며 비아밀로이드이다. 포자문은 갈색이다. 담자기는 2 또는 4-포자형이며, 기부에 협구가 없다. 날시스티디아는 24.3~50.7×4~7.4㎛로 원통형, 유두상원통형(cylindric subcapitate), 유오

❶ 갓 하면의 주름살 모양 ❷ 성장하여 갓이 편평하게 펼쳐진 모양

뚜기형(subutriform), 유편복형이다. 측시스티디아는 15.6~30.5×4.5~10.8㎛이고, 곤봉형·곤봉상미돌두형(clavate-mucronate)·방추형~편복형이며, 내부에 황금색의 부정형 내용 물질이 있다. 갓 표피상층은 젤라틴질이 아니며, 표피중층은 젤라틴질이고 세포 외벽에 갈색물질이 있으며, 모든 균사에 협구가 있다. 자실층 조직은 유평행균사형이다.

❹❺ 갓 표면에 있는 잘 발달된 인피
❻ 황갈색의 포자문 ❼ 턱받이 흔적이 있는 대 상부

| 발생 시기 및 장소 | 여름과 가을에 도로변의 부식질이 많은 곳에 무리지어 발생한다.

| 식용 가능 여부 | 독버섯이다.

ㄷ

❽ 건조한 자실체 ❾ 인편의 끝이 검정색으로 변한 성장한 갓과 대

지로미트린 중독을 일으키는

마귀곰보버섯

Gyromitra esculenta (Pers.) Fr.

분류 자낭균문(Ascomycota) 주발버섯강(Pezizomycetes) 주발버섯목(Pezizales) 게딱지버섯과(Discinaceae) 마귀곰보버섯속(*Gyromitra*)

| 형태적 특징 | 자실체는 45~120×45~150㎜로, 갓은 불규칙한 뇌상유구형이다. 표면은 평활하고 황갈색, 적갈색~흑갈색이다. 대는 길이가 11~40×7~25㎜로 짧고 뭉툭하며 현저한 홈선~챔버형이다. 표면은 백색이고 미세한 비듬상이며, 속은 비어 있다. 갓과 대는 불규칙하게 부착되어 있다. 조직은 잘 부서지며 맛과 향은 특별하지 않다.
포자는 15.5~20.3×7.8~9.8㎛로 타원형이고 평활하며, 포자 내부에 2개의 기름방울이 있다. 자낭은 345~350×16~20㎛로 8개 자낭포자를 내생한다. 측사는 원통형이며 분지가 있고 상단부가 약간 부풀어 있다.

| 발생 시기 및 장소 | 4월과 5월 초에 침엽수 그루터기 주위, 톱밥 또는 나무 부스러기 주위에서 산생~군생한다. 국내에서는 매우 희귀한 종으로서 강원도에서 처음 발견되었다.

| 감별해야 할 식용버섯 | 곰보버섯과 유사하므로 감별이 필요하다.

| 식용 가능 여부 | 독버섯이다.

ㅁ

❶ 뇌상으로 된 갓

❷❸❹ 갓과 대

❺ 싱싱한 버섯(좌)과 오래되어 검게 변색된 버섯(우) ❻ 대를 절단한 모양

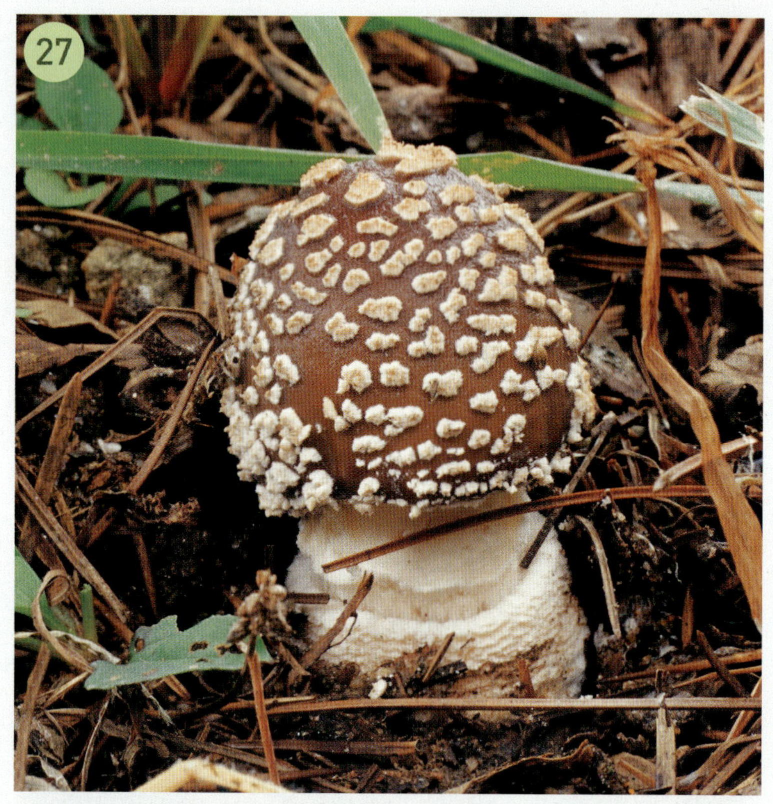

이보텐산-무시몰 중독을 일으키는

마귀광대버섯

Amanita pantherina (DC.) Krombh.

분류 담자균문(Basidiomycota) 주름버섯강(Agaricomycetes)
주름버섯목(Agaricales) 광대버섯과(Amanitaceae)
광대버섯속(*Amanita*)

| 형태적 특징 | 갓은 36~213㎜로 반구형~유구형이나 성장하면 반반구형~편평하게 펴지며, 종종 중앙오목편평형 혹은 중앙볼록편평형으로 된다. 표면은 습할 때 점성이 있고, 황갈색 · 회갈색~암갈색 바탕에 백색 사마귀점이 동심원상 또는 불규칙하게 부착되어 있으며, 방사상으로 홈선이 있다. 조직은 두껍고 백색이며 육질형이다. 주름살은 떨어진주름살인데, 빽빽하고 백색이며, 주름살 날은 약간 톱날형이다. 대는 55~250×8~28㎜로 원통형이고 기부는 구근상이고, 바로 위에 외피막의 일부가 2~4개의 불완전한 띠를 이룬다. 표면은 백색이고, 턱받이 아래쪽은 손거스러미상~섬유상의 인피가 있다. 턱받이는 백색이고 막질이다.

포자문은 백색이고, 포자는 8.2~11.4×6.3~8.5㎛로 광타원형이며 비아밀로이드이다. 날시스티디아는 13.6~28.5×9.2~16.3㎛로 유구형~곤봉형이다. 자실층 조직은 갈빗살형이다. 갓 표피상층은 평행균사로 구성되어 있으며, 젤라틴질층이 잘 발달되어 있다.

| 발생 시기 및 장소 | 주로 여름과 가을에 발견되며, 침엽수림 · 활엽수림 또는 혼합림의 지상에 군생하거나 단생한다.

❸ 갓 표면의 흰색 외피막 흔적(백색 사마귀점)

| 감별해야 할 식용버섯 | 붉은점박이광대버섯(*A. rubescens*)은 마귀광대버섯과 외관상 매우 유사하나, 갓 끝 부위에 방사상으로 홈선이 없고, 상처를 주거나 노화되면 조직이 붉게 변하며, 포자는 멜저용액에서 비아밀로이드란 점이 다르다.

| 식용 가능 여부 | 독버섯이다.

❹ 외피막의 일부인 구근상이 남아 있는 대의 기부

❽ 성장하면 갓 표면의 흰색 사마귀점이 소실됨

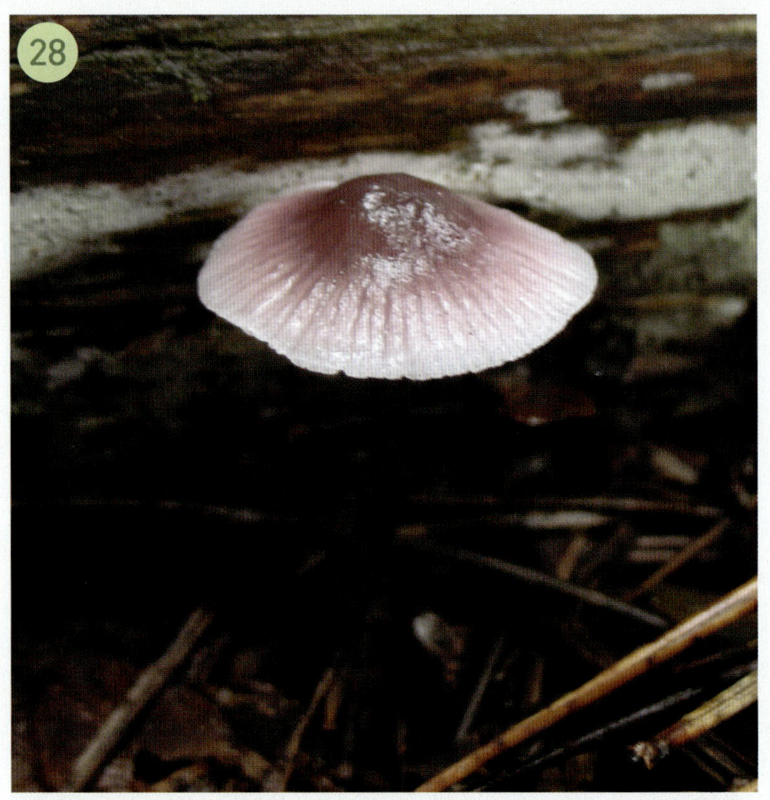

위장관 자극 중독을 일으키는

맑은애주름버섯

Mycena pura (Pers.) P. Kumm.

분류 담자균문(Basidiomycota) 주름버섯강(Agaricomycetes) 주름버섯목(Agaricales) 애주름버섯과(Mycenaceae) 애주름버섯속(*Mycena*)

| 형태적 특징 | 갓은 15~45㎜로 초기에는 종형~반구형이고 끝은 곧으며, 성장하면 점차 반반구형~편평하게 펴지고 종종 중고편평형이다. 표면은 평활하고 장미색 · 자주색 또는 연보라 등 다양하며, 습할 때 반투명선이 나타난다. 조직은 얇고, 회보라색 · 자주색~연보라색을 띠며 날감자~무냄새가 난다. 주름살은 완전붙은주름살~짧은내린주름살이고, 회백색~옅은 자주색 또는 옅은 분홍색을 띤다. 대는 34~58×2~7㎜로 원통형이고 상하 굵기가 비슷하며, 드물게는 편압되어 있다. 표면은 평활하며 갓과 같은 회자색이다. 종종 기부에는 백색의 면모상 균사로 덮여 있으며, 성숙하면 대의 속은 비어 있다. 조직을 비벼서 냄새를 맡아보면 생감자향이 난다.

포자문은 백색이며, 포자는 6.1~7.3×3.2~4.1㎛로 긴 타원형이다. 날시스티디아와 측시스티디아는 22.5~48.4×10.3~22.7㎛로 방추형~방추상편복형이다. 균사에 협구가 있다.

❶ 습할 때 갓 표면에 나타나는 반투명 홈선

| 발생 시기 및 장소 | 여름과 가을에 혼합림의 낙엽 위에 다수 군생한다.

| 감별해야 할 식용버섯 | 자주졸각버섯, 색시졸각버섯, 자주방망이버섯, 보라색을 띤 끈적버섯류 등과 구별이 필요하다.

| 식용 가능 여부 | 독버섯이다.

❷ 건조 시에는 연분홍색으로 변색됨 ❹ 손으로 조직을 비비면 생감자 냄새가 남

❺ 갓과 같은 색의 대 ❻ 건조 시 갓 끝 부위에 띠가 보이기도 함
❼ 연자주색의 완전붙은주름살

ㅁ

환각 중독을 일으키는

목장말똥버섯

Panaeolus papilionaceus (Bull.) Quél.

분류 담자균문(Basidiomycota) 주름버섯강(Agaricomycetes)
주름버섯목(Agaricales) (Incertae sedis)
말똥버섯속(*Panaeolus*)

| **형태적 특징** | 갓은 15~40㎜로 난형이나 성장하면 종형~반반구형으로 되며, 표면은 옅은 회색·옅은 황토색~옅은 회갈색을 띠고, 평활하나 종종 귀열상으로 갈라진다. 갓 끝에 내피막 조각이 톱날처럼 규칙적으로 부착되어 있으며, 갓깃을 형성하지 않는다. 조직은 얇고 옅은 황색을 띤다. 주름살은 완전붙은주름살이며 약간 빽빽하거나 약간 성글고, 회색~회백색이나 포자가 성숙하면 점차 흑색의 반점으로 나타나다가 흑색으로 된다. 주름살날은 백색이고 분질상이다. 대는 45~135×2~3㎜로 가늘고 길며 상하 굵기가 같다. 표면은 유백색~옅은 분홍갈색을 띠나 후에 회갈색~암갈색으로 되며 백색의 분질물이 덮여 있다. 대 기부에는 백색의 균사모가 있다. 대 속은 비어 있고 연골질이며 잘 부러진다. 포자문은 갈흑색~흑색이며, 포자는 11.7~15.1×8~10.8×6.8~10.5㎛로 레몬형~타원형이고 분명한 발아공이 있으며, 포자벽은 두껍다. 날시스티디아는 33.8~67.2×6.7~10.4㎛(문헌에는 22~40×5.5~7㎛; 15~30×10~25㎛)로 굽은 원통형~편복형이다. 측시스티디아는 없다. 갓 표피 상층은 직립의 곤봉형~낭상체형의 세포로 구성되어 있다. 대시스티디아는 날시스티디아와 모양과 크기가 비슷하다.

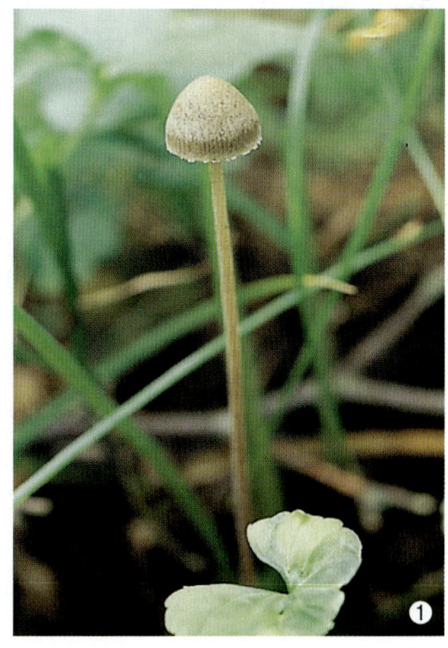

❶ 어린 자실체

ㅁ

| 발생 시기 및 장소 | 봄과 가을에 목초지에서 발견되는데, 소나 말의 배변물 위 또는 그 주변에서 발생한다. 버섯의 포자가 풀잎에 붙어 있다가 초식동물(말이나 소 등)이 풀을 먹으면 초식동물의 장기를 통과하여 나오면서 포자 발아가 시작되기 때문이다.

| 식용 가능 여부 | 독버섯이다.

❷ 귀열상으로 갈라진 갓 끝

❸ 긴 대를 가지고 있으며 상하 굵기가 같음

위장관 자극 중독을 일으키는

무당버섯

Russula emetica (schaeff.) Pers.

분류 담자균문(Basidiomycota) 주름버섯강(Agaricomycetes)
무당버섯목(Russulales) 무당버섯과(Russulaceae)
무당버섯속(*Russula*)

| 형태적 특징 | 갓은 25~95㎜로 반구형이고 갓 끝은 대에 맞닿아 있으나, 성장하면 서서히 갓 끝이 펴지며 반반구형~편평형 또는 중앙오목편평형으로 된다. 표면은 평활하고 습할 때 점성이 있으며, 밝은 적색을 띠나 비가 온 후 시간이 경과하면 퇴색하여 담분홍색~암분홍색으로 된다. 갓 주변부는 초기에는 평활하나 성장하면 점차 방사상으로 홈선이 나타난다. 갓 표피는 잘 벗겨지며 표피 하층은 붉은색을 띠고, 조직은 백색이며 매운맛이 있다.

주름살은 떨어진주름살~끝붙은주름살이며, 약간 빽빽하고, 백색이나 점차 담황색으로 된다. 주름살날은 평활하다. 대는 24~95×5~15㎜로 원통형으로 상하 굵기가 비슷하다. 표면은 평활하며 백색이고, 잘 부서진다. 성장하면 대 속은 해면질화된다.

포자문은 백색이며 포자는 8.3~10.2×6~7.8㎛로 유구형~난상유구형이고, 크고 작은 돌기와 미세하고 가는 강목이 있다. 담자기는 4-포자형이다. 날시스티디아는 45.8~76.4×8.8~12.3㎛로 둔방

❶ 잘 벗겨지는 갓 표피

추형이다. 측시스티디아는 날시스티디아와 유사하다. 갓 표피상층은 구형, 유구형~곤봉형의 세포와 폭이 2.3~3.5㎛인 사상의 균사로 구성되어 있다.

| 발생 시기 및 장소 | 주로 가을에 소나무림(적송) 또는 활엽수림의 지상에서 종종 군생한다.

| 식용 가능 여부 | 독버섯이다.

❷ 어릴 때는 적색 ❹ 습할 때 갓 끝 부위에 반투명선이 보임

❻ 초기에는 백색의 주름살이나 포자가 성숙하면 담황색이 됨

무스카린 중독을 일으키는

바늘땀버섯

Inocybe calospora Quél.

분류 담자균문(Basidiomycota) 주름버섯강(Agaricomycetes)
주름버섯목(Agaricales) 땀버섯과(Inocybaceae)
땀버섯속(*Inocybe*)

| 형태적 특징 | 갓은 10~25㎜로 원추형이나 성장하면 종형, 반반구형~중앙볼록편평형으로 된다. 표면은 건성이고 방사상으로 섬유질이나 점차 비듬상 인편으로 갈라지고, 종종 끝은 약간 반전되어 있으며 회갈색~적갈색을 띤다. 조직은 얇고 백색이며 밤꽃 냄새가 난다. 주름살은 완전붙은주름살~끝붙은주름살로 좁으며, 약간 빽빽하고 유백색이나 성장하면 갈색을 띤다. 주름살날은 백색의 분질이 있다. 대는 25~42×1.5~3㎜로 기부 쪽이 다소 굵으며, 표면은 건성이며 회갈색·적갈색을 띠고, 종으로 섬유질이 있으며 백색의 분질~면모상 분질이 있다.

포자문은 적갈색이며, 포자는 6.7~11.3×5.5~9㎛의 유구형~넓은 타원형이고, 표면에는 침상돌기(2~3㎛)가 있다. 담자기는 (2)4-포자형이고, 기부에 협구가 있다. 날시스티디아는 34.2~53.8×9.5~17.2㎛로 원통형·방추형·편복형~호야형이고, 세포벽은 두꺼우며 정단부에 크리스탈이 있다. 종종 이들 사이에 무색이고 세포벽이 얇은 서양배 모양의 시스티디아가 산재해 있다. 측시스티디아는 크기와 모양이 날시스티디아와 유사하다.

ㅂ

❶ 비듬상 인편이 있는 갓

| 발생 시기 및 장소 | 여름과 가을에 활엽수림 또는 혼합림의 지상에 소수 군생으로 발생하며, 다소 드물게 발견된다.

| 식용 가능 여부 | 독버섯이다.

❷ 종형의 갓 ❹ 갈색의 주름살 ❺ 건성의 대

ㅂ

아마톡신 중독을 일으키는

밤색갓버섯

Lepiota castanea Quél.

분류 담자균문(Basidiomycota) 주름버섯강(Agaricomycetes) 주름버섯목(Agaricales) 주름버섯과(Agaricaceae) 갓버섯속(*Lepiota*)

| 형태적 특징 | 갓은 17~32㎜로 둔원추상반구형~종형이나 성장하면 반반구형~중앙볼록편평형으로 된다. 표면은 평활하고 암갈색~적갈색이나 중앙 부위를 제외하고 점차 표면이 동심원상으로 갈라져 작은 인피를 형성하며, 갈라진 사이로 옅은 황토색~옅은 등황토색의 섬유질이 나타난다. 조직은 얇고 옅은 황색이다. 불쾌한 냄새~다소 독한 냄새가 강하다. 주름살은 떨어진주름살이고 빽빽하며 백색이나 성장하면 옅은 황토황색을 띤다. 주름살날은 다소 분질상이다. 대는 30~52×2~4㎜로 하부 쪽이 다소 팽대하며 원통형이다. 표면은 담등갈색~황토색 바탕에 갓과 동색의 소인편이 산재해 있다. 대의 속은 비어 있으며 잘 부서진다. 턱받이는 백색이고 거미줄~섬유질상이다.

포자문은 황백색이고, 포자는 8.7~12.4×3.7~5.1㎛로 여주씨형이고, 위아밀로이드이다. 담자기는 4-포자형이며, 기부에 협구가 있다. 날시스티디아는 23.4~45.4×6.5~10.8㎛로 곤봉형~방추형이다. 측시스티디아는 없다. 갓 표피상층은 직립의 원통형~원통상방추형의 말단세포로 구성되어 있으며, 격막에 협구가 있다.

❶ 종형의 갓과 인피가 있는 대

| 발생 시기 및 장소 | 여름과 가을에 침엽수림과 활엽수림 또는 혼합림, 낙엽 많은 습지나 임도상 주변에서 소수 군생하거나 산생하는 국내의 희귀종이다.

| 식용 가능 여부 | 독버섯(맹독성). 갓버섯속 *L. josserandii*와 같은 아마톡신 독성분이 함유되어 있어 매우 위험하므로 주의해야 한다.

❷ 갓의 밤색을 띤 동심원상의 인피
❸ 갓과 같은 색의 작은 인편이 밀포된 대 ❹ 분질상의 주름살날

ㅂ

위장관 자극 중독을 일으키는

밤자갈버섯

Hebeloma vinosophyllum Hongo

분류 담자균문(Basidiomycota) 주름버섯강(Agaricomycetes)
주름버섯목(Agaricales) 포도버섯과(Strophariaceae)
자갈버섯속(*Hebeloma*)

| 형태적 특징 | 갓은 20~45㎜이고 반구형~반반구형이나 점차 편평해진다. 표면은 평활하고, 습할 때 점성이 있으며 등황백색~회오렌지 · 회황육색이며, 끝 부위는 한층 옅은 색 또는 백색이다. 성장 초기 갓 끝에 백색의 내피막이 있으나 성장하면 대의 상부에 거미줄 모양의 턱받이 흔적이 남아 있다. 약간 쓴맛이 있다.

주름살은 끝붙은주름살~홈주름살이며, 약간 빽빽하며 백색이나 성숙하면 적갈색~황토색으로 된다. 주름살날은 분질상이다.

대는 21~56×2~5㎜로 원통형이고, 기부는 유구근상이다. 표면은 건성이고 종선이 있으며 등황백색~등황갈색으로 된다. 턱받이는 대 상부에 거미집형이며 쉽게 소실한다.

포자문은 자갈색~자적갈색이며, 포자는 8.5~11.7×5.3~6.8㎛로 아몬드형이고, 표면에 작은 돌기가 밀포되어 있다. 담자기는 4(2)-포자형이다. 측시스티디아는 37.4~63.7×7.8~14.1㎛로 방추형~편복형이며, 대부분 상부가 길게 늘어나 있고 세포벽은 얇다. 날시스티디아는 모양이 측시스티디아와 유사하다.

ㅂ

❶ 끈적끈적한 갓의 표면

| 발생 시기 및 장소 | 여름과 가을에 혼합림 지상 또는 쓰레기장 주위에서 발생한다.

| 식용 가능 여부 | 독버섯이다.

❷ 핑크색 포자를 가진 주름살 ❸ 주로 공생하므로 땅에 발생

ㅂ

코프린 중독을 일으키는

배불뚝이깔때기버섯

Clitocybe clavipes (Pers. : Fr.) Kummer

분류 담자균문(Basidiomycota) 주름버섯강(Agaricomycetes) 주름버섯목(Agaricales) 송이과(Tricholomataceae) 깔때기버섯속(*Clitocybe*)

| 형태적 특징 | 갓은 크기가 25~65㎜로, 초기에 반구형~반반구형이나 성장하면 점차 편평하게 펴지고, 종종 중앙 부위는 약간 돌출되어 있으며, 성장 초기에 갓 끝은 안쪽으로 말려 있으나 성장하면 펴지고 다소 갈라지거나 파상을 이룬다. 표면은 대체로 평활하나 가는 섬유질이 있고, 회갈색 · 황토갈색을 띠며, 중앙 부위는 짙은 색을 띤다. 조직은 중앙부는 두껍고 치밀하며 백색이다. 맛과 향기는 부드럽다. 주름살은 대에 내린주름살~긴내린주름살이고, 가끔은 분지가 있으며 빽빽하고, 백색~담황색을 띤다. 주름살날은 평활하다. 대는 크기가 25~75×6~20㎜(기부 30㎜)로 원통형이나 대 하부 쪽이 팽대하여 역곤봉형이다. 표면은 백색~옅은 회색 또는 담갈황토색을 띠고 종으로 동색의 섬유질이 있으며, 대 기부에 백색 균사모가 있다. 대의 조직은 육질형으로 부드럽고 속은 차있거나 다소 스폰지상이며 백색이다.

포자는 크기가 5.5~7.5×3.5~4.8㎛로 타원형~난형이고, 표면은 평활하며 무색이고 비아밀로이드이다. 포자문은 백색이다. 담자기는 크기가 22.8~30.2×5.5~8㎛로 (2)4-포자형이고 기부에 협구가 있다. 날시스티디아나 측시스티디아는 없다. 그러나 주름살날 부위에 둔분지가 있는 곤봉형세포가 있으며, 세포벽은 얇고 무색이다. 자실층 조직은 혼선형이다. 갓 표피상층은 폭이 3~6㎛인 원통상의 균사세포가 불규칙하게 배열되어 있고, 균사 내벽에 갈색 색소가 약간 있다. 균사에 협구가 있다.

| 발생 시기 및 장소 | 가을에 혼합림 또는 침엽수림(특히 적송림) 내 지상 또는 부식질이 많은 곳에 군생하며 소수 군생 또는 산생한다.

| 식용 가능 여부 | 식용 가능한 것으로 알려져 있으나 알코올과 함께 먹으면 사람에 따라서는 소화불량 또는 중독증상이 나타나기도 한다.

ㅂ

위장관 자극 중독을 일으키는

뱀껍질광대버섯

Amanita spissacea S. Imai

분류 담자균문(Basidiomycota) 주름버섯강(Agaricomycetes) 주름버섯목(Agaricales) 광대버섯과(Amanitaceae) 광대버섯속(*Amanita*)

| 형태적 특징 | 갓은 13.2~36㎜로 반구형~반반구형이나 성장하면 편평형~중앙오목편평형으로 된다. 표면은 건성이고 갈회색·암회갈색~암갈색 바탕에 암갈색~흑갈색의 크고 작은 각추상~사마귀상 분질돌기가 동심원상으로 산재되어 있다. 종종 갓 끝에 내피막 잔유물이 부착되어 있다. 조직은 두껍고 백색이며 육질형이다. 주름살은 떨어진주름살이며 약간 빽빽하고, 주름살날은 약간 분질상이다. 대는 55~165×6~148㎜로 원통형이고, 기부는 구근상(16~33㎜)이다. 표면은 백색이고, 턱받이 아래쪽은 회색~회갈색의 섬유상의 인편이 있으며, 구근상 바로 위에 2~5개의 불완전하고 흑갈색 띠가 있다. 턱받이는 막질형이며 윗면에 방사상의 가는 홈선이 있고, 턱받이 가장자리는 흑갈색의 분질 띠가 있다. 포자문은 백색이고, 포자는 7.5~9.6×6.3~7.5㎛로 넓은 타원형~유구형이며 아밀로이드이다. 날시스티디아는 13.6~28.5×9.2~16.3㎛로 유구형~곤봉형이며 세포벽은 얇다. 자실층 조직은 갈빗살형이다. 갓 표피상층은 평행균사로 구성되어 있으며, 내부균사에는 갈색의 색소가 있다.

❷ 갓 위에 각추상의 외피막 흔적 ❸ 구근상 대 기부의 띠 모양 외피막 흔적

| 발생 시기 및 장소 | 여름과 가을에 주로 침엽수림, 활엽수림 또는 혼합림의 지상에서 소수 군생한다.

| 식용 가능 여부 | 독버섯이다.

❹ 어린 자실체 ❺ 외피막 흔적이 일부 소실된 자실체

❼ 대 표면의 뱀 껍질 모양의 인피 ❽ 얇은 막질의 내피막
❾ 갓 위에 외피막 흔적이 점박이처럼 분산됨

36

ㅂ

위장관 자극 중독을 일으키는

볼록포자갓버섯

Lepiota ventriosospora D. A. Reid

분류 담자균문(Basidiomycota) 주름버섯강(Agaricomycetes) 주름버섯목(Agaricales) 주름버섯과(Agaricaceae) 갓버섯속(*Lepiota*)

| 형태적 특징 | 갓은 35~75㎜로 반구형, 둥근원추형~중앙볼록편평형 또는 편평형으로 된다. 표면은 평활하고 갈색·암황색~황토색이며, 주변부는 옅은 색이고, 벨벳상으로 입상 인피가 동심원상으로 산재해 있다. 조직은 얇고 백색이다. 주름살은 떨어진주름살이고 약간 빽빽하며 백색~암황색을 띤다. 대는 40~70×3~6㎜로 기부 쪽이 약간 굵다. 표면은 턱받이 아래쪽은 갓과 동일한 섬유상~면모상이다. 턱받이 상부는 백색 견사상이다. 대 속은 비어 있다. 턱받이는 담황토색~담황색을 띠며 면모상이고, 조락성으로 거의 흔적이 없다.

포자문은 담황색이고, 포자는 15.2~22.5×4.7~6.1㎛로 방추형이고, 위아밀로이드이다. 담자기는 4-포자형이며 기부에 협구가 있다. 날시스티디아는 20.4~35×10.5~20.8㎛로 곤봉형~편복형이다. 측시스티디아는 없다. 갓 표피상층은 직립의 원통형~원통상 방추형의 말단세포로 구성되어 있으며, 격막에 협구가 있다.

| 발생 시기 및 장소 | 여름과 가을에 매우 희귀하게 발견되며, 침엽수림과 활엽수림 또는 혼합림, 낙엽 많은 습지에서 소수 군생한다.

| 식용 가능 여부 | 독버섯이다.

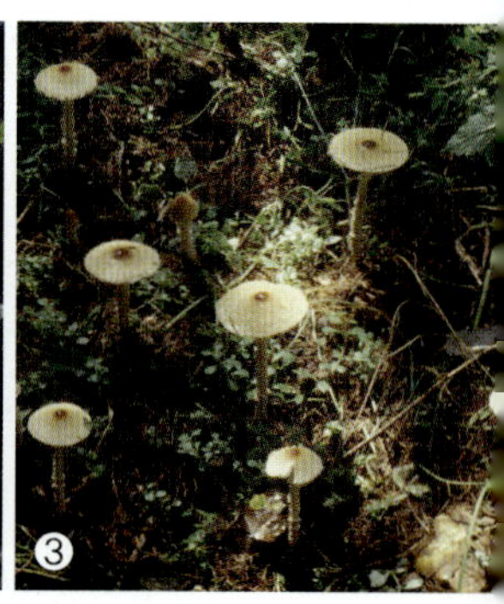

❶ 갓 끝 부위와 대 표면의 면모상 부착물 ❷ 어린 자실체
❸ 벨벳상의 과립형 인피가 동심원상으로 펼쳐진 갓

ㅂ

위장관 자극 중독을 일으키는

붉은꼭지버섯

Entoloma quadratum (Berk. & M.A. Curtis) E. Horak

분류 담자균문(Basidiomycota) 주름버섯강(Agaricomycetes)
주름버섯목(Agaricales) 외대버섯과(Entolomataceae)
외대버섯속(*Entoloma*)

| 형태적 특징 | 갓은 10~50㎜로 원추형~원추상종형이나 성장하면 원추상반반구형으로 되며, 대부분 중앙에 연필심 모양의 돌기가 있다. 표면은 평활하고 견사상 광택이 나며, 습할 때 등황적색을 띠고 반투명선이 나타난다. 건조하면 담황적색~담적황색으로 퇴색되고, 건변색현상이 있다. 조직은 옅은 황적색이며, 얇고 잘 부서진다. 주름살은 완전붙은주름살~끝붙은주름살로 성글고 편복형이며, 적황색~황백색을 띠나 성장하면 육색이다. 대는 15~75×2~4㎜로 원통형이고, 상하 굵기가 비슷하며 종종 뒤틀려 있다. 표면은 평활하고 견사상 광택이 나며, 갓과 같은 황적색이고 종으로 섬유상 선이 있으며, 기부는 백색이다. 속은 비어 있다. 포자문은 육색이며 포자는 10.1~12.4㎛로 4각형(6면체)이다. 담자기는 (2)4-포자형이고 기부에 협구가 있다. 날시스티디아는 80.3~112.7×10.3~21.7㎛로 원통형~곤봉형이다. 측시스티디아는 없다. 자실층 조직은 평행형이다. 갓 표피상층은 평행균사로 되어 있으며 젤라틴질이 없고, 종종 균사에 협구가 있다.

| 발생 시기 및 장소 | 주로 여름과 가을에 혼합림 지상에서 소수 무리지어 발견되며, 전국적으로 발생한다.

| 식용 가능 여부 | 독버섯이다.

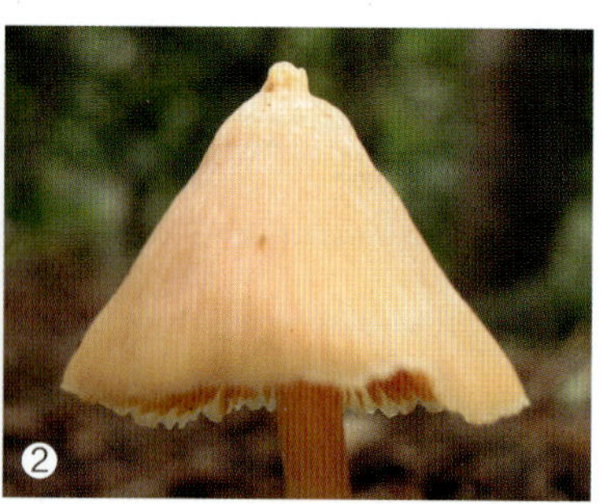

❶ 견사상 광택이 있는 대와 분홍색의 포자
❷ 담황적색을 띠는 자실체와 연필심 모양의 돌기

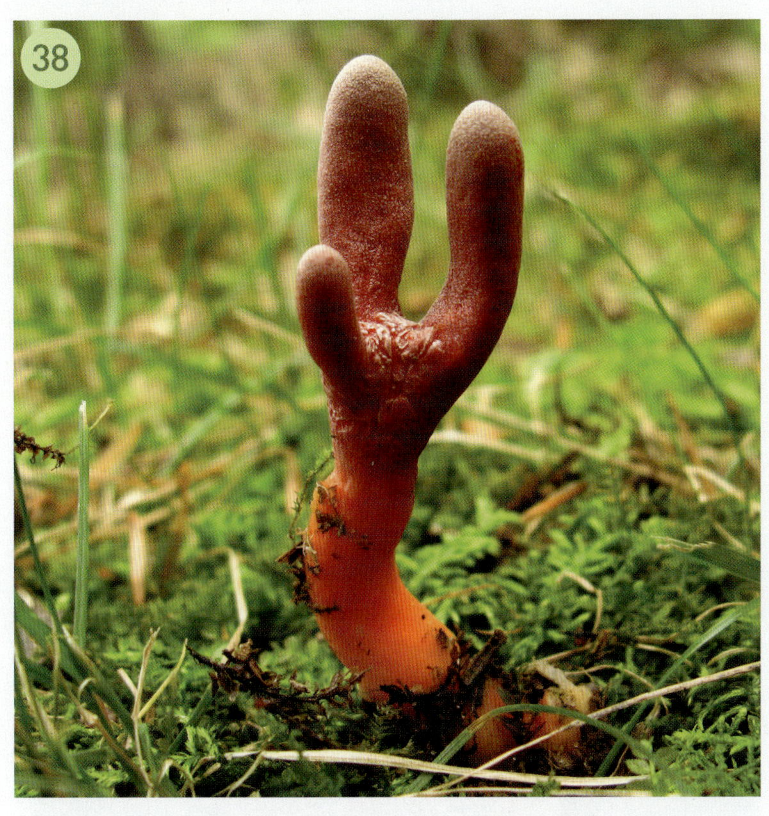

ㅂ

트리코테신 중독을 일으키는

붉은사슴뿔버섯

Podostroma cornu-damae (Pat.) Boedijin

분류 자낭균문(Ascomycota) 동충하초강(Sordariomycetes)
동충하초목(Hypocreales) 점버섯과(Hypocreaceae)
사슴뿔버섯속(*Podostroma*)

| 형태적 특징 | 자실체는 원통형이며, 종종 손가락 또는 뿔 모양의 분지를 형성하며, 정단부는 둥글거나 뾰족하다. 높이는 34~85㎜, 폭은 5~15㎜이다. 표면은 평활하며 다소 분질상이고 적등황색~등황적색을 띤다. 조직은 흰색이며 냄새는 불분명하고, 맛은 부드럽다.

자낭각은 완전매몰형이고, 자낭포자는 8.7~10.5㎛로 모양은 구형이고 불완전한 망목(높이 1~1.5㎛)이 있으며 갈색이다. 자낭은 4.5~9.4×3.4~5.2㎛로 짧은 곤봉형이며, 기부에 협구가 없다.

| 발생 시기 및 장소 | 주로 여름과 가을에 활엽수 또는 침엽수의 그루터기 위 또는 그루터기 주위에 발생하며, 국내에서는 비교적 드물게 발생한다.

| 감별해야 할 식용버섯 | 불로초(영지)의 갓이 형성되기 전인 어린 버섯과 유사하여 조심해야 된다.

| 식용 가능 여부 | 독버섯이다.

❶ 뿔 모양의 자실체

❷ 백색의 조직 ❹ 자실체 표면은 평활 ❺ 적등황색 또는 적색을 띰

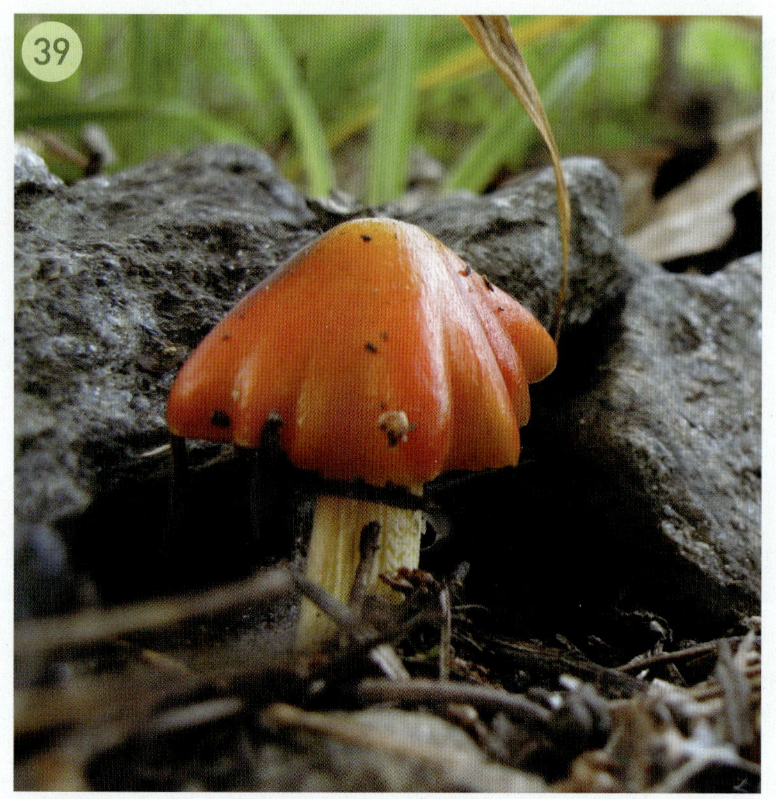

위장관 자극 중독을 일으키는

붉은산무명버섯

Hygrocybe conica f. *conica* (Scop.) P. Kumm.

분류 담자균문(Basidiomycota) 주름버섯강(Agaricomycetes)
주름버섯목(Agaricales) 벚꽃버섯과(Hygrophoraceae)
꽃버섯속(*Hygrocybe*)

| 형태적 특징 | 갓은 10~35㎜로 초기에는 원추형으로 선단은 뾰족하며, 성장 후에 중고편평형~편평하게 펴진다. 표면은 방사상으로 섬유질이 있고, 습할 때 다소 매끄러운 점성이 생기며, 초기에는 아름다운 적색·등황색·황색 등을 띠나 시간이 지나면 점차 흑색으로 변한다. 갓 끝은 종종 둔거치형~파상형이고, 주름살보다 신장되어 갓깃을 형성한다. 조직은 얇고 잘 부서지며 표피하는 등황색이고, 그 아래 조직은 옅은 황색을 띠며 무취·무미 또는 가끔은 약간 쓴맛이 있다. 주름살은 대에 거의 떨어진주름살이고 비교적 넓으며 편복형이고, 약간 빽빽하거나 약간 성글며 유백색~담황색을 띤다. 상처 시 또는 성장 후에는 흑변한다. 짧은주름살은 1~2-가지형이며, 주름살날은 평활하다. 대는 35~110×3~10㎜로 원통형이나 종종 대 기부 쪽이 가늘고 대부분 비틀려 있다. 표면은 종으로 섬유질이 있고, 성장 초기에는 유황색을 띠나 시간이 경과하면서 점차 등황적색~등황색을 띠고, 성숙하면 검은색의 손

ㅂ

❶ 방사상의 섬유질이 있고 습할 때 점성이 생기는 갓

거스러미상 인피가 점점 증가하고 변한다. 속은 비어 있다.
포자는 크기가 8.8~14.2×4.8~6.7㎛로 타원형에 평활하고 무색이며 비아밀로이드이다. 포자문은 백색이다. 담자기는 긴 곤봉형이며 대부분 4-포자형이고, 기부에 협구가 있다. 시스티디아는 없다. 자실층 조직은 평행형이며, 자실하층은 혼선형이다. 균사조직은 제1균사조직형이며 팽대세포는 없고, 세포벽은 얇거나 두꺼우며 협구가 있다.

| 발생 시기 및 장소 | 여름과 가을에 초원, 고지대의 초원 목장 주위에 산생 또는 소수 군생하는 부후균이다(국내에서는 제주도뿐만 아니라 전국에 매우 흔하게 발생한다).

| 식용 가능 여부 | 독버섯이다.

❷ 밀납 느낌의 자실체

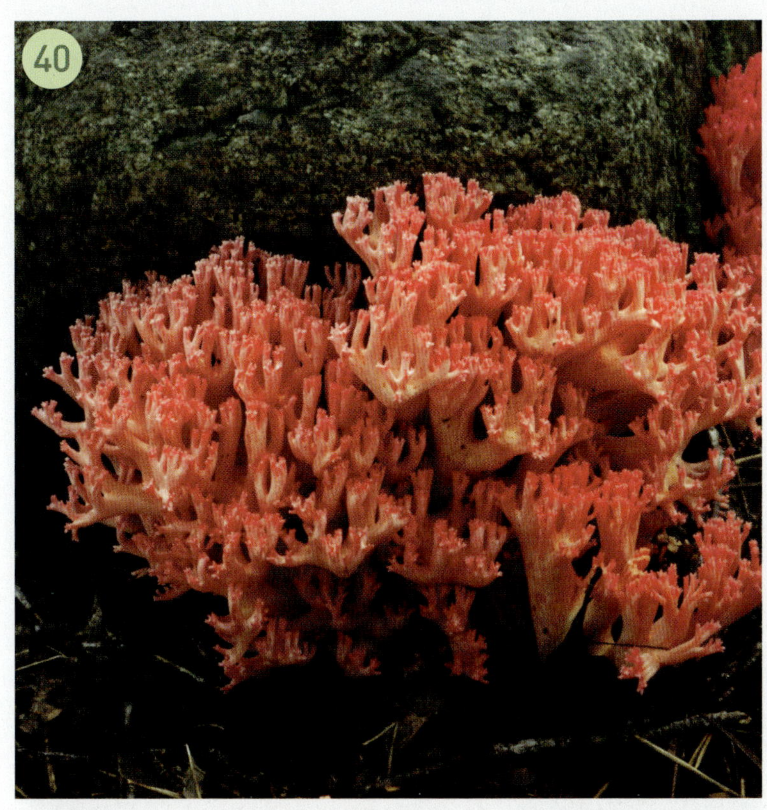

40

ㅂ

위장관 자극 중독을 일으키는

붉은싸리버섯

Ramaria formosa (Pers.) Quél.

분류 담자균문(Basidiomycota) 주름버섯강(Agaricomycetes)
나팔버섯목(Gomphales) 나팔버섯과(Gomphaceae)
싸리버섯속(*Ramaria*)

| 형태적 특징 | 자실체는 중간형~대형이며, 높이 75~150(200)㎜, 폭은 55~145(200)㎜로 산호형이다. 초기에는 짧고 뭉툭한 자루 모양이며, 상단부에서 2~6개의 분지가 나타나고 위쪽으로 4~6회 분지가 형성된다. 상부 쪽의 분지는 점점 가늘고 짧다. 분지는 2분지 또는 다분지형이며, 분지의 모양은 포크·U자형이고, 분지 끝은 뾰족하거나 뭉툭하다. 대의 지하부는 백색~옅은 갈백색을 띠고, 지상부는 맑은 적색~분홍색이고 분지 끝은 맑은 황색을 띠나, 성숙하면 다소 붉은색으로 퇴색되어 회등황색을 띤다. 조직은 백색이고 상처 시 적갈색으로 변한다. 육질형~육질상섬유질형이며, 분필처럼 잘 부서진다. 신맛이 있다.

포자문은 암황색~황색이며, 포자는 8.5~14.5×4~6㎛로 긴 타원형이고, 표면에 크고 불규칙한 돌기(사마귀상)가 있으며, cotton blue 용액에 염색된다. 담자기는 4-포자형이고 기부에 협구가 있다. 담자뿔은 길이가 5.5~10㎛로 길며, 곧거나 안쪽으로 굽어 있

❶ 노화되면 분지 끝은 맑은 적색이 됨

다. 시스티디아는 없다. 자실층 조직은 제1균사형이고, 격막에 협구가 있다.

| 발생 시기 및 장소 | 주로 늦은 여름과 가을에 활엽수림의 지상에 무리지어 발생하므로 흔히 발견된다.

| 감별해야 할 식용버섯 | 싸리버섯과 구별이 필요하다.

| 식용 가능 여부 | 준독성이다.

ㅂ

❷ 분지 끝은 성숙하면 붉은색을 띰

위장관 자극 중독을 일으키는

비늘버섯

Pholiota squarrosa (Vahl) P. Kumm.

분류 담자균문(Basidiomycota) 주름버섯강(Agaricomycetes) 주름버섯목(Agaricales) 포도버섯과(Strophariaceae) 비늘버섯속(*Pholiota*)

| 형태적 특징 | 갓은 크기가 25~65㎜로 성장 초기에는 반구형~종형이나 성장하면 반반구형으로 되다가 편평하게 퍼진다. 대부분 중앙 부위가 약간 볼록하며, 갓 끝은 오랫동안 안쪽으로 굽어 있다. 표면은 습할 때에도 건조하며, 옅은 황색~올리브황색 바탕에 끝이 반전된 등황갈색~암갈색의 비늘상 인피(squarrose)가 다소 동심원상으로 배열되어 있으며, 중심 쪽은 더 짙은 색을 띠며 밀집되어 있다. 성장 초기 갓 끝은 섬유상~섬유상 막질의 내피막으로 싸여 있으나 성장하면 갓 끝 쪽에 내피막의 잔유물이 쉽게 소실된다. 조직은 육질형이며 얇고 황백색이며, 냄새는 일반적인 버섯 냄새가 나거나 분명하지 않으며, 맛은 부드럽다.

주름살은 대에 완전붙은주름살~짧은내린주름살이며 빽빽하고 다소 넓은 편이며, 초기에는 밝은 올리브황색이나 성장하면 올리브갈색을 띠고, 주름살날은 평활하다.

대는 크기가 52~150×4~15㎜로 원통형이고 상하 굵기가 비슷하거나 기부 쪽이 다소 굵으며, 일반적으로 휘거나 종종 굽어 있다. 표면은 턱받이 위쪽은 면모상~미분질이며 밝은 황백색이고, 턱받

❶ 갓에 있는 비늘상 인피

❷ 어릴 때 부착되는 섬유질상 내피막

이 아래는 옅은 황색 바탕에 갈색의 비늘상 인피, 손거스러미상 인피~암갈색 인피가 산재해 있으며, 기부 쪽은 짙은 색을 띠고 가늘며, 옆의 다른 대와 합생(concre-scented)하여 종종 다발을 이룬다. 턱받이는 맑은 황색을 띠며 면모상 섬유질이고, 성장하면 거의 소실되어 흔적만 남는다.

포자문은 짙은 황갈색이고, 포자는 크기가 6.2~8.3×3.5~5.1㎛로 타원형이고 평활하며 포자벽은 얇고 정단부에 작고 분명한 발아공이 있으며, KOH 용액에서 황금색을 띠는 부정형의 내용물이 있다. 담자기는 크기가 21.3~25.5×6.2~7㎛로 원통형이고 4-포자형이며, 기부에 협구가 있다. 날시스티디아는 크기가 23.5~33.5×6.8~12.6㎛로 편복형~원통상호야형이고, 종종 KOH 용액에서 황금색을 띠는 노란시스티디아가 산재해 있으며 무색이다. 측시스티디아의 크기는 22.7~52.4×8.1~12.3㎛로 방추상호야형~편복형 또는 곤봉형이며, 대부분 노란시스티디아이다. 자실층 조직은 평행균사로 구성되어 있다. 갓 표피상층의 인피는 크기가 27.3~76.5×7.3~21.3㎛로 직립의 원통형~곤본상원통형이며, 세포벽은 얇고

❸ 어릴 때는 턱받이가 주름살을 보호

❹ 대 아래쪽의 손거스러미상의 인피

갈색 색소가 있으며, 종종 부분적으로 피각(encrusted: 세포 외벽에 미세한 돌기가 있는 상태)이 있고 다발성이다. 격막에 협구가 있다.

| 발생 시기 및 장소 | 여름~가을에 활엽수 고사목의 그루터기에 무리지어 발생하며 침엽수에서도 발생한다. 전국적으로 많이 발생하는 버섯 중에 한 종이다.

| 식용 가능 여부 | 개개인의 체질에 따라 중독증상(복통과 설사)이 나타나며, 특히 술과 함께 먹으면 중독증상이 나타나기 때문에 주의해야 한다.

ㅂ

❼ 어릴 때 반구형의 갓

무스카린 중독을 일으키는

비듬땀버섯

Inocybe lacera (Fr.) P. Kumm.

분류 담자균문(Basidiomycota) 주름버섯강(Agaricomycetes)
주름버섯목(Agaricales) 땀버섯과(Inocybaceae)
땀버섯속(*Inocybe*)

| 형태적 특징 | 갓은 8~37㎜로 종형이나 성장하면 반반구형~중앙볼록편평형으로 된다. 표면은 건성이고, 중앙 부위는 암갈색~갈색을 띠며, 끝 부위는 갈색·황토갈색~옅은 갈색을 띤다. 방사상으로 섬유질이 있으며, 부분적으로 섬유질 인피가 있고, 초기에는 백회색의 거미줄 모양의 내피막이 있으나 곧 소실된다. 조직은 황백색~옅은 갈색이며, 밤꽃 냄새가 난다. 주름살은 완전붙은주름살~끝붙은주름살이며, 약간 빽빽하고 담갈색·황갈색~암적갈색을 띠며, 주름살날은 분질상이다. 대는 13~45×2~4㎜로 원통형이고 하부 쪽이 다소 굵으며, 건성이고 담황토갈색이나 후에 암갈색을 띠며, 종으로 담갈색의 섬유질이 있고 기부 쪽은 흑갈색을 띤다. 포자문은 황갈색이며, 포자는 9.5~14.3×4.8~6.8㎛로 원통형~타원형이고, 중앙 부위가 약간 잘록하며 포자벽은 두껍다. 담자기는 4-포자형이고, 기부에 협구가 있다. 날시스티디아는 43.1~67.6×11.9~18.7㎛로 방추형~편복형이고, 정단부에 크리스탈

ㅂ

❶ 비듬 모양의 털

이 부착되어 있으며 세포벽은 두껍다(metuloid-cystidia). 세포벽 사이는 무색이고 세포벽이 얇은 곤봉형의 말단세포가 무수히 있으며, 종종 단세포(2~3개)가 사슬형(catenulatioid)으로 연결되어 있고 정단세포벽은 약간 두껍다. 측시스티디아는 날시스티디아와 모양과 크기가 유사하다. 갓 표피상층은 짧은 원통형 평행균사로 구성되어 있으며, 갈색색소가 있고 균사에 협구가 있다.

| 발생 시기 및 장소 | 주로 여름에 발견되는데, 관목이 있는 언덕, 활엽수림, 침엽수림, 혼합림 등의 지상 또는 도로변에서 군생한다.

| 식용 가능 여부 | 독버섯이다.

❷ 종형의 어린 자실체 및 털 모양의 인편이 있는 대

ㅅ

위장관 자극 중독을 일으키는

산속그물버섯아재비

Boletus pseudocalopus Hongo

분류 담자균문(Basidiomycota) 주름버섯강(Agaricomycetes)
그물버섯목(Boletales) 그물버섯과(Boletaceae)
그물버섯속(*Boletus*)

| 형태적 특징 | 갓은 45~165㎜로 반구형~반구형이고, 갓 끝은 안쪽으로 말려 있으나 성장하면 반반구형~편평하게 펴진다. 표면은 건성이고 평활하거나 약간 면모상이며, 성장하면 종종 귀열상으로 갈라진다. 적갈색~황갈색 또는 담적갈색~담황적색을 띤다. 조직은 두껍고 육질이며 담황색이나 상처 시에 청색으로 변한 다음 시간이 경과하면 퇴색하여 회색으로 된다. 미성숙한 것은 거의 청변하지 않거나 담청색을 띤다. 성숙한 자실체는 치즈 냄새가 나며 약간 신맛이 난다. 관공은 대에 완전붙은관공형~짧은내린관공형이며 황색~호박색이나 점차 갈색으로 되고, 상처 시 녹청색으로 변한다. 관공구는 원형~각형이고 관공과 같은 색이며, 색 변화도 같은 양상이다. 대는 45~123×10~25㎜로 원통형이나 하부 쪽이 굵고 곤봉형(기부 75㎜)이며, 표면은 상부에서 중반부까지 가느다란 망목이 있으며 황색을 띠고, 하부는 옅은 적색~암적색 또는 암적갈색을 띠고, 상처 시 청변한다. 포자문은 올리브갈색이며, 포자는 9.5~12.3×4~5㎛이고 유방추형이다. 담자기는 4-포자형이며 기부에 협구가 없다. 날시스티디아는 23.5~31.6×7.5~13.4㎛로 곤봉형이다.

| 발생 시기 및 장소 | 주로 여름과 가을에 적송림과 참나무 혼합림 내 지상에서 비교적 드물게 발견된다.

| 감별해야 할 식용버섯 | 자실층이 관공으로 이루어진 식용버섯류인 비단그물버섯속과 그물버섯속의 버섯류

| 식용 가능 여부 | 독버섯이다.

❶ 갓의 표면은 건성이다. ❷ 관공은 황색~회백색을 띤다.

무스카린 중독을 일으키는

삿갓땀버섯

Inocybe asterospora Quél.

분류 담자균문(Basidiomycota) 주름버섯강(Agaricomycetes)
주름버섯목(Agaricales) 땀버섯과(Inocybaceae)
땀버섯속(*Inocybe*)

| 형태적 특징 | 갓은 25~45㎜로 원추형이나 성장하면 종형~중앙볼록편평형이 된다. 표면은 건성이며, 적갈색·회갈색~갈색을 띠고 평활하나 성장하면 섬유질의 표피가 방사상으로 갈라져 방사상의 섬유질선이 나타나고, 갈라진 사이로 백색의 조직이 보인다. 조직은 백색이고 밤꽃 냄새가 난다. 주름살은 완전붙은주름살~끝붙은주름살이며 약간 빽빽하고 담회베이지색이나 성장하면 적갈색~회갈색을 띠며, 주름살날은 백색 분질상이다. 대는 45~76×2.5~4.5㎜로 원통형이며, 기부는 테두리구근형(marginate bulb)이고 견사상 광택이 나며, 밝은 갈색, 황갈색~적갈색을 띠며, 전체에 미세한 백색분질물이 있다.

포자문은 암갈색이며, 포자는 8.7~11.6×7.3~10.5㎛로 유구형이며 별 모양의 큰 돌기가 있다. 담자기는 4-포자형이고, 기부에 협구가 있다. 날시스티디아는 33.2~70.7×14.2~21.2㎛로 방추형~편복형이고, 세포벽은 두껍고 정단부에 크리스탈이 부착되어 있

❶ 이끼 위에 발생한 자실체

다. 측시스티디아는 크기와 모양이 날시스티디아와 유사하다. 갓 표피상층은 평행균사로 구성되어 있으며, 엷은 황갈색을 띠고 균사에 협구가 있다. 대시스티디아는 크기가 20~35×9~13㎛이다.

| 발생 시기 및 장소 | 여름과 가을에 활엽수림 또는 침엽수림의 지상에 단생 또는 소수 군생하므로 드물게 발견된다.

| 식용 가능 여부 | 독버섯이다.

❷ 견사상 광택이 있는 대 ❸ 어린 버섯의 종형 갓

ㅅ

위장관 자극 중독을 일으키는

삿갓외대버섯

Entoloma rhodopolium (Fr.) P. Kumm.

분류 담자균문(Basidiomycota) 주름버섯강(Agaricomycetes) 주름버섯목(Agaricales) 외대버섯과(Entolomataceae) 외대버섯속(*Entoloma*)

| 형태적 특징 | 갓은 28~80㎜로 종형~종상반구형이나 성장하면 중고반반구형~중고편평형으로 되며, 종종 중앙은 함몰되어 있고 끝은 안쪽으로 말려 있다. 표면은 평활하고 견사상 광택이 나며, 습할 때 회색~회황토색을 띠고 반투명선이 나타나며, 건조하면 퇴색되고 건변색현상이 나타난다. 조직은 얇고 표피하층은 회색을 띠나 그 외에는 백색이다.

주름살은 완전붙은주름살이나 성장하면 끝붙은주름살~홈주름살이고 약간 빽빽하며, 폭은 넓고 편복형이며, 초기에는 유백색이나 성장하면 육색이다.

대는 40~105×3~6㎜로 원통형이고 상하 굵기가 비슷하며, 종종 뒤틀려 있다. 표면은 평활하고 견사상 광택이 나며, 백색이고 종으로 섬유상 선이 있으며, 속은 비어 있다.

포자문은 육색이며 포자는 7.3~10.3㎛로 5~6각형이다. 담자기는 4-포자형이고, 기부에 협구가 있다. 날시스티디아와 측시스티디아는 없다. 자실층 조직은 평행형이다. 갓 표피상층은 폭이 3~8.4㎛인 평행균사로 구성되어 있으며 종종 균사에 협구가 있다.

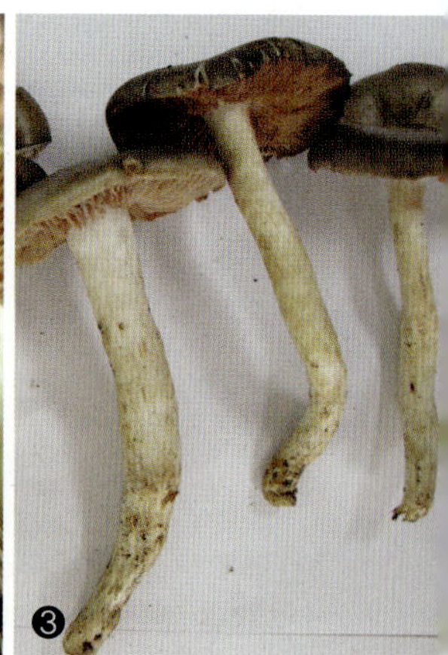

❶ 대 표면의 섬유상 선 ❷ 분홍색을 띠는 완전붙은주름살의 대 ❸ 긴 대를 지님

| 발생 시기 및 장소 | 주로 늦은 여름과 가을에 활엽수림 또는 혼합림(활엽수+침엽수)의 지상에서 소수 무리지어 발생한다.

| 감별해야 할 식용버섯 | 느타리와 구별이 필요하다.

| 식용 가능 여부 | 독버섯이다. 땅에서 나는 느타리라고 하며 식용하여 중독되는 경우가 있다. 그러나 느타리는 나무에서 발생하고 모두 성장한 후에도 주름살과 포자가 흰색을 띠나, 삿갓외대버섯은 낙엽이 쌓인 땅에서 발생하며 성장하면 주름살이 분홍색이라는 점에서 구분이 가능하다.

ㅅ

❹ 땅에서 발생

❽ 견사상 광택이 나는 갓 표면 ❿ 핑크색 주름살(느타리는 포자가 흰색이다.)

⑫ 견사상 광택이 나는 갓 표면

⑬⑭ 판매되고 있는 삿갓외대버섯

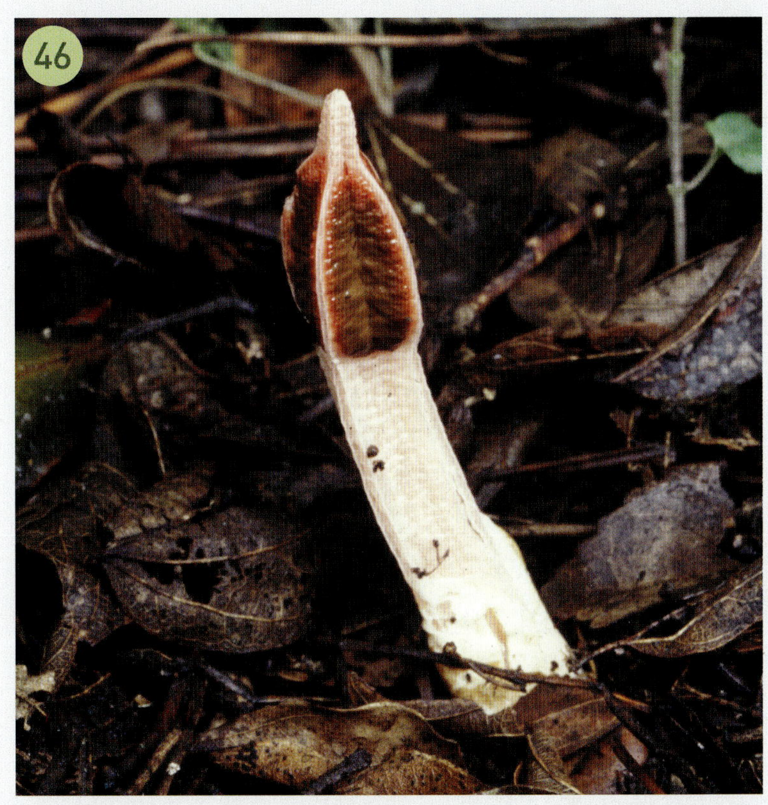

ㅅ

위장관 자극 중독을 일으키는

새주둥이버섯

Lysurus mokusin (L.) Fr.

분류 담자균문(Basidiomycota) 주름버섯강(Agaricomycetes)
말뚝버섯목(Phallales) 말뚝버섯과(Phallaceae)
새주둥이버섯속(*Lysurus*)

| 형태적 특징 | 자실체는 초기에 백색의 난형~유구형이나 성장하면 외피막의 상단 부위가 갈라지고, 1개의 탁이 나타나며 길이는 40~100㎜, 폭은 5~12㎜로 4~5개의 원주상 또는 각주상의 기둥 모양이며, 상부 쪽이 다소 가늘다. 상부는 옅은 홍색을 띠고 하부 쪽이 더 옅은 색을 띤다. 대와 자실층이 확실히 구분되어 있고, 자실층은 대의 상단 부위에 있으며, 정단부는 결합되어 있다. 정단부에 1~5㎜의 각상 돌기가 있고, 각주면상에 흑갈색의 점액질 기본체(gleba)가 있다. 악취를 내며 속에 담자기를 형성하는 자실층이 있다.

포자는 크기가 4~5×2㎛로 타원형이다. 담자기는 8-포자형이다. 기본체는 작은 구형세포가 연쇄적으로 연결된 작은 구형세포, 방추형, 유구형, 넓은 곤봉형, 타원형과 사상의 균사로 구성되어 있다. 균사에 협구가 있다.

| 발생 시기 및 장소 | 여름에 정원 산림 내 또는 도로변의 지상에 단생~산생하는 부후균이다.

| 식용 가능 여부 | 독버섯이다.

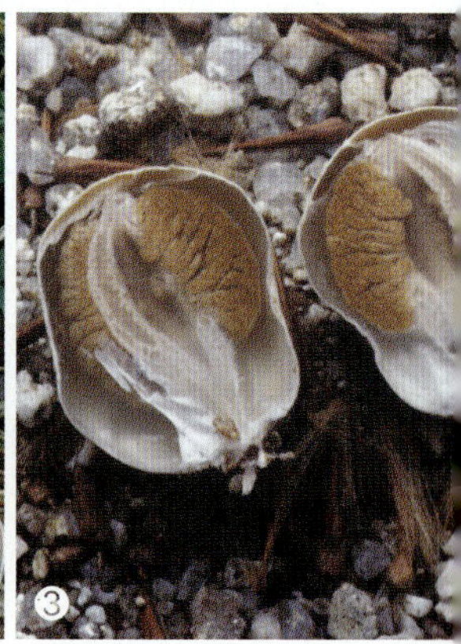

❶ 원주상 각주상의 자실탁 ❷ 대의 상부에 있는 자실층 ❸ 포자와 자실탁이 있는 알

❺ 머리 부분에 자실탁이 1개 있는데 건조하면 갈라지기도 함

❼ 점액질의 기본체에 싸인 자실층(포자 형성)

❾ 머리 부분에 있는 각주상 돌기

⑫ 백색의 기본체

ㅅ

무스카린 중독을 일으키는

솔땀버섯

Inocybe fastigiata (Scheff.) Quél.

분류 담자균문(Basidiomycota) 주름버섯강(Agaricomycetes) 주름버섯목(Agaricales) 땀버섯과(Inocybaceae) 땀버섯속(*Inocybe*)

| 형태적 특징 | 갓은 20~76㎜로 원추형~난형이나 후에 종형~유원추형이 된다. 표면은 건성이고, 황토색 · 황토갈색~황갈색을 띤다. 방사상으로 갈라진 섬유질 또는 섬유질선이 분명히 나타나며, 갈라진 사이로 담황백색의 조직이 보인다. 갓의 끝은 안쪽으로 굽어 있다. 조직은 백색이며 밤꽃 냄새가 난다. 주름살은 완전붙은주름살~끝붙은주름살이며, 빽빽하고 유백색이나 성장하면 황토갈색을 띠며, 주름살날은 백색의 분질상이다. 대는 28~85×3~8㎜로 하부 쪽이 다소 굵으며 종종 비틀려 있다. 담황백색이나 성장하면 황토색~담황토색을 띠며, 종으로 미세한 섬유질이 있고 상부는 백색의 분질이 있다.

포자문은 황토갈색이며, 포자는 9.3~13.2×4.8~7.2㎛로 타원형~강낭콩 모양이며, 포자벽은 두껍다. 담자기는 4-포자형이고, 기부에 협구가 있다. 날시스티디아는 34.1~48.6×11.4~17.2㎛로 곤봉형~서양배 모양, 방추형이며, 세포벽은 얇고 기부에 협구가 있다. 측시스티디아는 없다. 갓 표피상층은 평행균사로 구성되어 있다. 균사에 협구가 있으며, 종종 갓 표피하층이나 조직 속에 컨덕팅 균사(Con-ducting hyphae)가 보인다.

❷ 건조 시의 갓 ❸ 종형의 갓에 나타난 섬유질상 선

| 발생 시기 및 장소 | 여름과 가을에 활엽수림과 침엽수림 또는 혼합림의 지상 또는 도로변에 산재하거나 소수 군생으로 발생한다.

| 식용 가능 여부 | 독버섯이다.

❹ 황토갈색의 주름살 및 백색의 분질물이 있는 대 ❺ 성장하여 갓 끝이 반전됨 ❼ 원추형의 갓

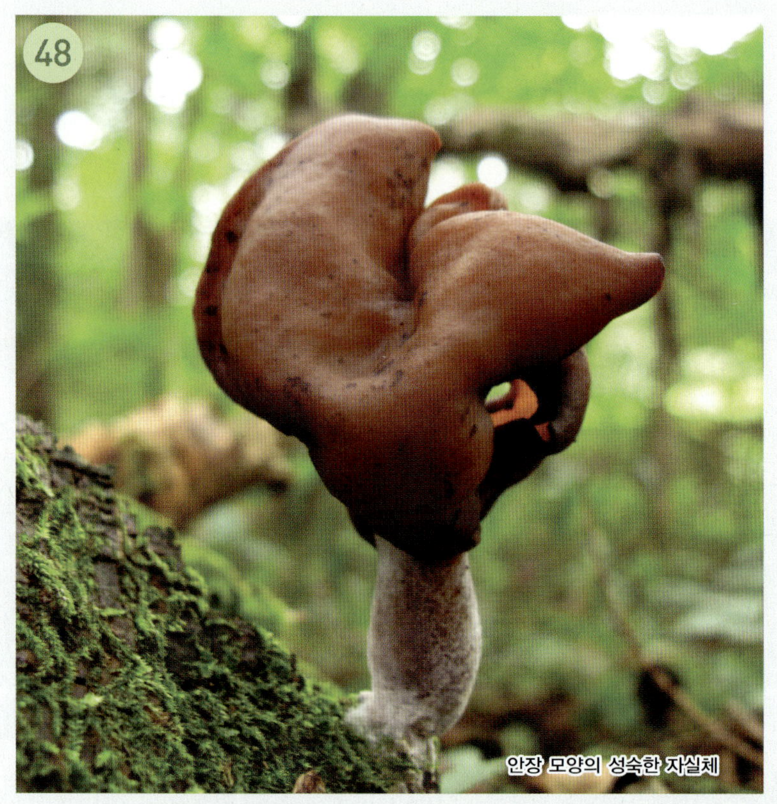

안장 모양의 성숙한 자실체

지로미트린 중독을 일으키는

안장마귀곰보버섯

Gyromitra infula (Schaeff.) Quél.

분류 자낭균문(Ascomycota) 주발버섯강(Pezizomycetes)
주발버섯목(Pezizales) 게딱지버섯과(Discinaceae)
마귀곰보버섯속(*Gyromitra*)

| 형태적 특징 | 자실체의 크기는 50~120×35~50㎜이고, 갓은 두상~안장 모양 또는 다소 부정형 안장 모양이며, 끝 부위는 대부분 대에 부착되어 있거나 가깝게 밀착되어 있다. 자실층면은 평활하거나 다소 미세한 인편이 있다. 황갈색~적갈색 또는 자갈색~흑색을 띤다. 내면은 백색~황백색으로 융단상 모가 있다. 대의 크기는 80~100×10~20㎜이고 원통형이며, 기부는 약간 팽대하다. 표면은 평활하나 다소 굴곡이 있다. 백색~유백색 또는 분홍색을 띠며, 분상~모분상으로 덮여 있다. 내부는 중공이며, 조직은 균일하고 외피층과 수층의 구별이 없다. 자낭포자의 크기는 18.5~22×7.5~10㎜로 협타원형이며, 표면은 평활하고 세포 내에 2개의 기름 방울이 있다. 측사는 실 모양이며, 정단부가 두상~곤봉형으로 평대하고 갈색의 과립을 내포하고 있으며 격막이 있다. 기부 쪽에 분지가 있다.

| 발생 시기 및 장소 | 여름~가을에 부후목, 잘 썩은 목재 부스러기가 풍부한 지상에 소수 산생한다.

| 식용 가능 여부 | 독버섯이다.

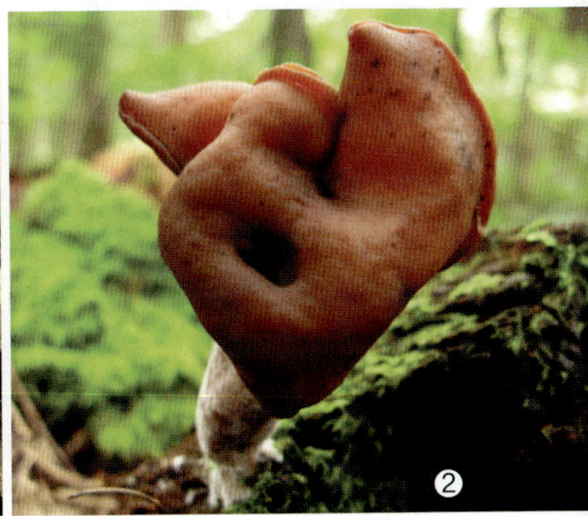

❶ 어린 자실체 ❷ 포자형성층인 갓 표면에 미세한 인편이 있다.

위장관 자극 중독을 일으키는

암회색광대버섯

Amanita pseudoporphyria Hongo

분류 담자균문(Basidiomycota) 주름버섯강(Agaricomycetes) 주름버섯목(Agaricales) 광대버섯과(Amanitaceae) 광대버섯속(*Amanita*)

| 형태적 특징 | 갓은 32~110(180)㎜로 반구형이나 성숙하면 반반구형~편평하게 펴지고, 종종 중앙 부위가 약간 오목해진다. 습할 때 다소 점성이 있고 회색~갈회색을 띠며, 갓 표면이나 끝에 백색 막질의 외피막 잔유물이 부착되어 있으나 쉽게 소실된다. 조직은 백색이고 육질이며, 맛과 향기는 불분명하거나 부드럽다. 주름살은 떨어진주름살이며 빽빽하고, 주름살날은 미세한 분질이 있다. 대는 45~165×5~16㎜로 원통형이고, 대 기부는 팽대하여 굵고 종종 다시 가늘어져 뿌리 모양을 이루어 전체가 편복형으로 된다. 표면은 백색이고 손거스러미상 인피가 있다. 턱받이는 대의 상부에 있으며 백색이고 막질이며, 속은 차있다. 대주머니는 백색이고 얇은 막질이다.

포자문은 백색이고, 포자는 7.3~8.3×4.2~5.5㎛로 난형~타원형이며 아밀로이드이다. 날시스티디아는 12.3~35.4×8.8~15.3㎛로 기부에 꼬리가 있는 구형·유구형~곤봉형이다. 측시스티디아는 없다. 자실층 조직은 갈빗살형이다.

ㅇ

| 발생 시기 및 장소 | 여름과 가을에 참나무림(상수리, 졸참나무 등)

❸ 다른 종에 비해 유난히 큰 막질의 대주머니

또는 침엽수림(적송)의 지상에서 산생하거나 군생한다.

| 식용 가능 여부 | 독버섯이다.

❹ 분질물로 된 내피막의 흔적이 있는 주름살 ❺ 대주머니

❼ 군생하는 모습

❾ 내피막

ㅇ

❿ 줄지어 발생한 자실체

50
주름살은 내린주름살이고 밀도는 빽빽함

ㅇ

위장관 자극 중독을 일으키는

애기무당버섯

Russula densifolia Secr. ex Gillet

분류 담자균문(Basidiomycota) 주름버섯강(Agaricomycetes) 무당버섯목(Russulales) 무당버섯과(Russulaceae) 무당버섯속(*Russula*)

| 형태적 특징 | 갓은 47~115㎜이며 반구형이고 끝은 안쪽으로 굽어 있으며, 성숙하면 끝 부위가 위로 펴지며 중앙오목편평형~깔때기형으로 된다. 표면은 건성이고 초기에 유백색이나 회갈색~흑갈색을 띠고, 습할 때 점성이 있으며 평활하다. 조직은 약간 두껍고 백색이나 상처 시 적색으로 변하며, 시간이 경과하면 서서히 회색~흑색으로 된다.

주름살은 얇고 붙은주름살~내린주름살이고, 빽빽하며 짧은 주름살은 거의 없고, 상처 시 붉은색으로 변하며 서서히 회색~흑색으로 변한다(급격히 검은색으로 변하지 않는다).

대는 32~64×8~21㎜로 원통형이고, 상하 굵기가 비슷하다. 표면은 유백색 또는 갓보다 옅은 색을 띠며, 불분명한 종으로 선이 있다.

포자문은 백색이고, 포자는 6.7~8.6×5.4~6.7㎛로 유구형~구상난형이며, 표면에는 미세한 가시돌기와 가는 망목이 있다. 돌기와 망목은 아밀로이드이다. 담자기는 4-포자형이며, 기부에 협구가 없다. 날시스티디아는 43.4~68.6×7.2~9.6㎛로 협방추형, 원통형~방추상곤봉형이고 얇다. 측시스티디아는 모양과 크기가 날시스티디아와 유사하다.

❷ 깔때기형의 갓 ❸ 주름살이 빽빽하다.

| 발생 시기 및 장소 | 주로 여름과 가을에 침엽수과 활엽수림의 지상에서 소수 군생한다.

| 식용 가능 여부 | 독버섯(맹독성)이다.

❼ 대부분 짧은 대를 가짐

⑧

ㅇ

위장관 자극 중독을 일으키는

애우산광대버섯

Amanita farinosa Schwein.

분류 담자균문(Basidiomycota) 주름버섯강(Agaricomycetes) 주름버섯목(Agaricales) 광대버섯과(Amanitaceae) 광대버섯속(*Amanita*)

| 형태적 특징 | 갓은 33~67㎜로 유구형~반구형이나 성장하면 반반구형~편평형으로 펴진다. 표면은 건성이며 옅은 회색~갈회색이고, 회색의 분질물로 덮여 있으나 분질물은 쉽게 소실된다. 갓 주변에 방사상의 홈선이 있다. 주름살은 떨어진주름살이고 약간 빽빽하거나 약간 성글며, 주름살날은 분질상이다. 대는 32~75×3~7㎜로 원통형이며 기부가 약간 팽대하여 구근상을 이고, 표면은 유백색~옅은 회색을 띠며 갓과 동일한 분질물이 피복되어 있으나 쉽게 소실된다. 턱받이는 없다. 포자문은 백색이며, 포자는 6~8.5×4.6~6.5㎛로 유구형이며 멜저용액에서 비아밀로이드이다. 날시스티디아는 13.4~35.8×13.7~33.7㎛로 유구형~곤봉형이며 다발성 또는 산재해 있다.

| 발생 시기 및 장소 | 여름과 가을에 적송 또는 침엽수와 참나무류의 혼합림 지역의 지상에서 산생한다.

ㅇ

❶ 흰색의 주름살

| 감별해야 할 식용버섯 | 애우산광대버섯은 광대버섯류 중에서 자실체가 비교적 작고 갓과 대 기부에 회색의 분질물이 덮여 있으며, 대 기부는 구근상으로 팽대하므로 쉽게 구별된다.

| 식용 가능 여부 | 독버섯이다.

❷ 갓 위의 과립상의 분질물 ❸ 홈선이 있는 갓 ❹ 회색 분질물이 피복되어 있는 대
❺ 갓의 외피막과 같은 분질물의 띠가 있는 대 기부

ㅇ

아마톡신 중독을 일으키는

양파광대버섯

Amanita abrupta Peck

분류 담자균문(Basidiomycota) 주름버섯강(Agaricomycetes) 주름버섯목(Agaricales) 광대버섯과(Amanitaceae) 광대버섯속(*Amanita*)

| 형태적 특징 | 갓은 35~75㎜로 반구형~유구형이나 성장하면 반반구형, 편평상반반구형~편평형으로 된다. 초기에는 갓 끝에 백색의 내피막 잔유물이 부착되어 있다. 표면은 건성이고 백색~유백색이나 종종 옅은 갈색으로 퇴색되며, 평활하고 방사상의 선은 없으며, 사마귀상~피라미드상의 돌기가 부착되어 있으나 쉽게 떨어져 나간다. 조직은 두껍고 육질형이며, 백색이다. 주름살은 떨어진주름살이고 빽빽하며, 주름살날은 분질상이다. 대는 72~136×5~10㎜로 원통상이고, 기부는 양파 모양의 구근상이다. 표면은 손거스러미상 인피가 있으며, 대 기부의 구근상 위에 일반적으로 갓과 같은 사마귀점 돌기가 산재해 있다. 턱받이는 백색이고 막질이며, 윗면에 방사상의 홈선이 있고, 영존성이다.

포자문은 백색이고, 포자는 7.2~9.2×7.5~8.6㎛로 구형~유구형이고, 아밀로이드이다. 날시스티디아는 15.6~20.3×6.3~10.4㎛로 곤봉형~유구형이다. 대 표면에 25.4~52.7×11.8~16.6㎛인 구형~타원형 세포가 있다. 자실층 조직은 갈빗살형이다.

| 발생 시기 및 장소 | 여름과 가을에 참나무류, 침엽수림 또는 혼합림 내 지상에 단생~산생하는 외생균근균이며, 발생빈도가 낮다.

❶ 주름살 ❷ 사마귀점이 떨어진 갓 ❸ 대주머니 포함한 자실체 전체 모양

| 식용 가능 여부 | 독버섯(맹독성). 버섯 1~3개(50g)가 치명적인 용량의 아마톡신(amatoxin)을 함유한다. 열에도 매우 안정하여 끓여도 독성분은 사라지지 않는다.

❹ 어린 턱받이 ❺ 양파 모양의 대주머니 ❻ 노화된 상태

❼ 전체 형태 ❽ 갓 표면의 사마귀점 ❾ 주름살 및 떨어진 턱받이

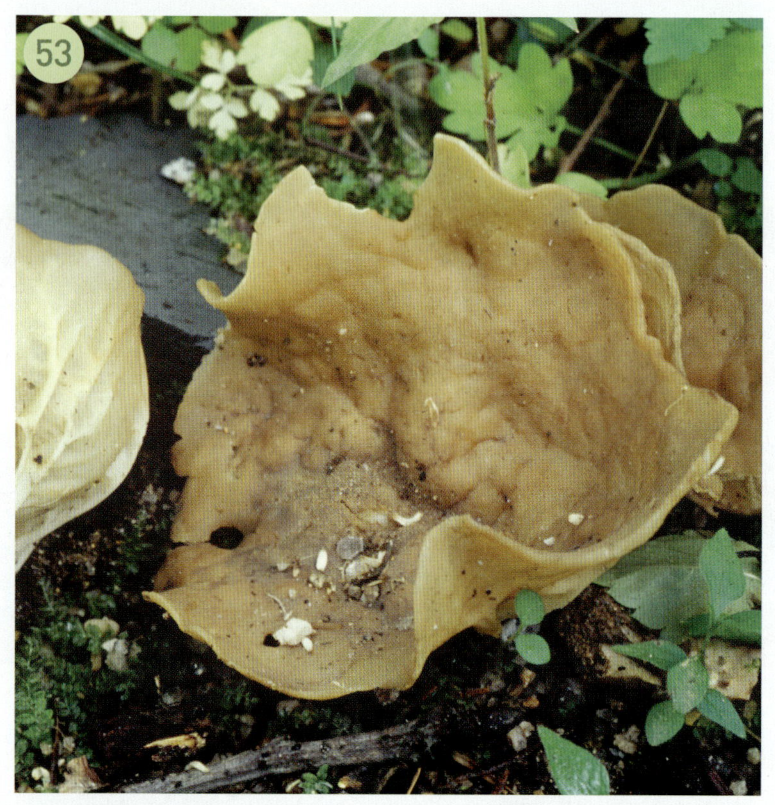

지로미트린 중독을 일으키는

와인잔버섯

Paxina acetabulum (L.) Kuntze

분류 자낭균문(Ascomycota) 주발버섯강(Pezizomycetes)
주발버섯목(Pezizales) 안장버섯과(Hevellaceae)
와인잔버섯속(*Paxina*)

| 형태적 특징 | 자낭반은 크기가 20~87×15~65㎜로, 컵 모양·조개형 또는 술잔형이고 불규칙한 파상형이며, 성장하면 종종 편평하게 퍼진다. 자실층은 평활하고 회갈색~적갈색 또는 갈색을 띠며, 부분적으로 보랏빛을 띤다. 바깥쪽인 비자실층은 갈색~갈흑색이고 기부 쪽은 옅은 색이며, 미세한 비듬상 돌기가 있고 기부에 분지~간맥이 있다. 대는 길이가 3~10㎜로 짧고 뭉툭하며 백색~황토색이고, 종으로 이랑상선 또는 홈선이 1/3~1/2까지 이어져 있다. 조직은 백색이고, 속은 비어 있거나 소실형이다.
포자는 크기가 16.7~19.5×11.4~13.6㎛로 광타원형이고 표면은 평활하며, 무색이고 1개 수포가 있다. 자낭은 크기가 260~315×14.7~20㎛로 정단 부위는 멜저용액에서 비아밀로이드이며, 8개 포자를 형성한다. 측사는 사상형이고 정단 부위는 다소 곤봉상(폭 6~8㎛)이며, 격막이 있고 기부에 분지가 있다.

ㅇ

| 발생 시기 및 장소 | 봄과 초여름에 활엽수과 침엽수림 내 부식질이 풍부한 지상, 목장 또는 임도에 단생, 소수군생하는 부후균이다. 국내에서 드물게 발생한다.

| 식용 가능 여부 | 독버섯이다.

간맥이 있는 갓 뒷면

위장관 자극 중독을 일으키는

은행잎우단버섯

Paxillus panuoides (Fr.) Fr.

분류 담자균문(Basidiomycota) 주름버섯강(Agaricomycetes) 그물버섯목(Boletales) 우단버섯과(Paxillaceae) 우단버섯속(*Paxillus*)

| 형태적 특징 | 갓은 크기가 25~110㎜로 초기에는 반원형 또는 선반형이나 성장하면 점차 조가비형~부채 또는 불규칙한 깔때기형~귀형이며 거의 대가 없다. 표면에는 미세한 연모가 있으나 성장하면 평활하다. 황토갈색 · 황올리브색 · 올리브갈색을 띠며, 갓 끝은 언제나 안쪽으로 말려 있다. 조직은 크림색~밝은 황색을 띠고 얇으며 부드럽고, 냄새는 불분명하거나 특별한 냄새가 있고, 맛은 부드럽다.

주름살은 거의 내린주름살이며 약간 빽빽하고 폭은 비교적 좁으며, 초기에는 황색~올리브황색을 띠나 성장하면 황토색~오황색을 띤다. 분지가 있고, 종종 기질에 부착 부위의 주름살은 망목상이거나 또는 주름살 사이에 맥상의 주름이 있으며, 주름살날은 평활하다.

대는 없거나 거의 발달하지 않고 갓의 일부가 직접 기질에 부착되어 있다. 포자는 크기가 4.3~6.2×2.5~4.2㎛로 난형~단타원형이고, 표면은 평활하며 위아밀로이드이고, 포자문은 밝은 갈색이다. 담자기는 크기가 24.7~40.3×5.2~7.8㎛로 곤봉형이며 4-포자형이고, 기부에 협구가 있다. 날시스티디아는 없다. 측시스티디아는 없다. 자실층 조직은 갈빗살형이다. 갓 표피상층은 폭이 2.2~6.3㎛인 균사로 불규칙하게 혼선형이나 부분적으로 직립균사로 되어 있으며, 균사의 격막에 협구가 있고, 세포벽은 얇으며 세포 내 색소가 있다.

| 발생 시기 및 장소 | 주로 여름~가을에 소나무 고사목이나 다른 침엽수의 절주목 또는 건축 목재에 주로 총생~중첩으로 발생하며, 갈색부후균이다.

| 감별해야 할 식용버섯 | 느타리, 참부채버섯과 구별이 필요하다.

| 식용 가능 여부 | 밝혀지지 않았다.

❶ 안쪽으로 말려 있는 갓 끝 ❷ 자실체는 대 없이 기주에 부착

ㅈ

위장관 자극 중독을 일으키는

자주색싸리버섯

Ramaria sanguinea (Coker & Doty) Corner

분류 담자균문(Basidiomycota) 주름버섯강(Agaricomycetes)
나팔버섯목(Gomphales) 나팔버섯과(Gomphaceae)
싸리버섯속(*Ramaria*)

| 형태적 특징 | 자실체는 65~120×45~100㎜로 산호형이며, 자실체의 기부는 뭉툭하고 폭은 10~40㎜이다. 그 위에 다수의 분지가 형성되고, 위쪽으로 반복하여 분지가 나타나며, 마지막 분지는 끝이 뭉툭하고 짧다. 분지 모양은 V자형이다. 표면은 평활하고, 대의 기부는 백색이나 상처 시 자적색~적자색으로 급변한다. 아래쪽 분지는 담황색~황백색이나 위쪽의 분지는 유황색~황색을 띠며, 분지 끝은 짙은 황색을 띤다. 조직은 부드럽고 육질형이며, 백색이나 상처 시 자적색으로 변한다. 맛은 부드럽다.

포자문은 황색이며, 포자는 8.2~10.3×4.1~5.2㎛(문헌에는 6.9~11.7×3.7~5.9㎛)로 타원형~긴 타원형이며 미세한 사마귀상 돌기가 있고, 종종 인접한 돌기가 결합되어 있거나 불확실하지만 다소 사선~종으로 점선이 있다. 담자기는 4-포자형이고 기부에 협구가 없다. 시스티디아는 없다. 균사조직은 제1균사형이고, 균사에 격막이 있는 부위가 약간 좁고, 격막에 협구가 없다.

❶ 분지 끝이 짙은 황색을 띰

| 발생 시기 및 장소 | 주로 늦여름과 가을에 활엽수림 또는 혼합림의 지상에서 무리지어 발생하지만 국내에서는 드물게 발견된다.

| 감별해야 할 식용버섯 | 싸리버섯과 구별해야 한다.

| 식용 가능 여부 | 준독성이다.

ㅈ

무스카린 중독을 일으키는

잿빛깔때기버섯

Clitocybe nebularis (Batsch) P. Kumm.

분류 담자균문(Basidiomycota) 주름버섯강(Agaricomycetes)
주름버섯목(Agaricales) 송이과(Tricholomataceae)
깔때기버섯속(*Clitocybe*)

| 형태적 특징 | 갓은 크기가 55~140㎜로 깔때기버섯류 중에서 매우 크며, 모양은 초기에 반반구형이고 갓 끝은 안쪽으로 말려 있으며, 성장하면 점차 편평하게 펴지고, 중앙 부위는 다소 함몰되거나 약간 돌출되어 있으며, 갓 끝은 위로 반전되기도 한다. 표면은 회색~옅은 갈회색 · 옅은 갈색을 띠며, 습할 때는 약간 점성이 있고 갓 끝 부위에 방사상의 섬유질이 드물게 나타난다. 조직은 비교적 두꺼우며 치밀하고 백색이다. 맛과 향기는 다소 불분명하다. 주름살은 대에 짧은내린주름살이고 빽빽하며 옅은 황백색~백황색을 띤다. 주름살날은 평활하다. 주름살은 갓 조직으로부터 분리가 잘 된다. 대는 크기가 42~83×8~22㎜(기부 45㎜ 폭)로 대 하부 쪽이 굵어져 곤봉형이 되거나 기부가 팽대해져 괴근형을 이룬다. 표면은 백색~옅은 회색 바탕에 종으로 옅은 회갈색의 섬유질이 있으며, 대 기부에 백색 균사모가 있다. 속은 차있거나 다소 비어 있다. 포자는 크기가 5.5~7×3.2~4.2㎛로 타원형이고 표면은 평활하

❶ 편평한 갓 윗면

며, 비아밀로이드이다. 포자문은 옅은 황색이다. 담자기는 크기가 18.2~23.8×4.5~6.3㎛로 4-포자형이고, 주름살날은 평활하다. 날시스티디아나 측시스티디아는 없다. 갓 표피상층은 원통상의 평행세포층(cutis)으로 되어 있고, 부분적으로 분지가 있으며, 갈색색소가 있다. 자실층균사 배열은 평행형~유평행형이고, 균사에 협구가 있다.

| 발생 시기 및 장소 | 여름에서 늦가을에 주로 침엽수림 내 지상 또는 부식질이 많은 곳에 군생, 소수 군생 또는 드물게는 산생한다.

| 식용 가능 여부 | 식용으로 알려져 있지만 사람에 따라서는 소화불량을 일으키기도 하므로 주의가 필요한 버섯이다.

❷ 뒷면의 대에 짧게 내린 주름살 모양 ❸ 균륜을 이루면서 발생하는 형태

57

ㅈ

위장관 자극 중독을 일으키는

절구버섯

Russula nigricans Fr.

분류 담자균문(Basidiomycota) 주름버섯강(Agaricomycetes) 무당버섯목(Russulales) 무당버섯과(Russulaceae) 무당버섯속(***Russula***)

| 형태적 특징 | 갓은 크기가 65~180㎜이며, 어릴 때는 반구형~중앙오목반구형이고 갓 끝은 안쪽으로 굽어 있다. 성숙하면 갓 끝 부위가 위로 펴지며, 중앙오목반반구형, 중앙오목편평형~깔때기형으로 된다. 표면은 건성이며 초기에 오백색이나 암갈색~흑색으로 된다. 조직은 견고하고 백색이나 상처 시 적변한 후에 곧 흑변한다. 맛과 향기는 특별하지 않다. 주름살은 완전붙은주름살~내린주름살이며, 폭이 넓고(6~8㎜) 성글며 짧은주름살은 거의 없다. 초기에는 유백색이나 상처 시 붉은색을 띠다가 흑색으로 되며, 성장하면 서서히 흑색으로 변한다. 대는 크기가 35~65×8~30㎜로 원통형이고, 상하 굵기가 비슷하거나 기부 쪽이 다소 가늘다. 표면은 초기에 오백색이나 암갈색~흑색으로 된다. 상처 시 적색으로 변한 다음 검은색으로 변한다. 성장 초기에 대의 속은 차있으며 단단하다.

포자는 크기가 7~8.8×6~7.7㎛로 유구형이며, 표면에는 미세한

❶ 주름살 끝 부위는 검게 변한다.

가시돌기와 불완전한 망목이 있다. 멜저용액에서 돌기와 망목은 흑청색을 띠는 아밀로이드이다. 포자문은 백색이다. 담자기는 크기가 43.5~58.5×7.5~10.6㎛로 좁은곤봉형이고 (2)4-포자형이며, 기부에 협구가 없다. 측시스티디아는 크기가 33.5~53.4×3.5~6.7㎛로 원통형, 좁은방추형~방추상곤봉형이며, 세포벽은 얇고 세포질에 SBA(sulfobenzaldehyde) 용액에 회갈색을 띠는 입자가 있으며, 다수 있다. 날시스티디아는 크기가 50.5~58.5×3.5~6.6㎛로 원통형, 좁은방추형~방추상곤봉형이며 세포벽은 얇고, 세포질에 SBA 용액에 회갈색을 띠는 입자가 있으며 풍부하다.

| 발생 시기 및 장소 | 여름~가을에 활엽수림~침엽수림 내 지상에서 군생하며, 외생균근성 버섯이며 흔하게 발생한다.

| 식용 가능 여부 | 독버섯이다.

❷ 자실체를 자르면 처음에는 붉게 변함 ❸ 시간이 흐르면 붉은색이 모두 검게 변함
❹ 갓 표면은 건성이며 초기에 오갈색을 띰 ❺ 폭이 넓고 성근 주름살

아마톡신 중독을 일으키는

절구버섯아재비

Russula subnigricans Hongo

분류 담자균문(Basidiomycota) 주름버섯강(Agaricomycetes)
무당버섯목(Russulales) 무당버섯과(Russulaceae)
무당버섯속(*Russula*)

| 형태적 특징 | 갓은 47~115㎜로 반구형이고, 끝은 안쪽으로 굽어 있으며, 성숙하면 끝 부위가 위로 펴지며 중앙오목편평형~깔때기형으로 된다. 표면은 건성이고 회갈색~흑갈색을 띠며 갓보다 열은 색을 띠고, 미세한 털이 밀포하여 있으나 점차 탈락하여 평활하다. 불확실하지만 종으로 선이 있다. 조직은 두껍고 견고하며, 백색이나 상처 시 적색으로 변하나 시간이 경과하면 회색을 띤다. 주름살은 6~8㎜로 약간 두꺼우며 붙은주름살~내린주름살이고, 성글며 짧은주름살은 거의 없고, 상처 시 붉은색으로 변하며, 서서히 회색을 띤다. 대는 32~64×8~21㎜로 원통형이고, 상하 굵기가 비슷하다.

포자문은 백색이고, 포자는 6.7~8.6×5.4~6.7㎛로 유구형~구상

❶ 건성이며 회갈색을 띠는 갓

ㅈ

난형이며, 표면에는 미세한 가시돌기와 가는 망목이 있다. 멜저용액에서 돌기와 망목은 흑청색을 띠는 아밀로이드이다. 담자기는 4-포자형이며, 기부에 협구가 없다. 날시스티디아는 43.4~68.6×7.2~9.6㎛로 좁은 방추형, 원통형~방추상곤봉형이고, 세포벽은 얇다. 측시스티디아는 크기와 모양이 날시스티디아와 유사하다.

| 발생 시기 및 장소 | 여름과 가을에 활엽수림 내 지상에서 소수 군생하며, 외생균근성 버섯이다.

| 감별해야 할 식용버섯 | 절구버섯아재비는 갓의 모양이나 주름살이 넓으며 두껍다는 점에서 절구버섯[*R. nigricans* (Bull.) Fr.]과 매우 비슷하지만, 상처 시 적색으로 변한 후 흑색으로 변하지 않는다는 점에서 쉽게 구별할 수 있다.

| 식용 가능 여부 | 독버섯(맹독성). 일본에서 2명이 중독으로 사망한 사례가 있으며, 매우 치명적이고 위험한 버섯이다. 버섯 1~3개(50g)가 치명적인 용량의 아마톡신을 함유하고 있다.

❷ 폭이 넓은 주름살

ㅈ

❹ 대가 짧아서 자실체가 땅에 붙어 있는 상태

위장관 자극 중독을 일으키는

점박이어리알버섯

Scleroderma areolatum Ehrenb.

분류 담자균문(Basidiomycota) 주름버섯강(Agaricomycetes)
그물버섯목(Boletales) 어리알버섯과(Sclerodermataceae)
어리알버섯속(*Scleroderma*)

| 형태적 특징 | 자실체는 반지중생으로 크기가 15~40×11~35㎜로 구형~서양배형이며, 하부는 좁아져 대 모양을 형성하나 경계는 불분명하다. 표면은 얇은 단층의 외표피막(peridium)으로 싸여 있으며, 성숙하면 미세한 인편으로 갈라지고, 담갈색~황갈색을 띠나 성숙하면 암갈색을 띤다. 포자가 성숙하면 상단부가 불규칙하게 갈라져 포자가 비산된 후에 술잔 모양의 기부만 남는다. 대는 높이가 7~18㎜이며, 기부에 백색의 뿌리 모양의 균사속(rhizomorps)이 잘 발달되어 있다. 기본체는 초기에는 백색을 띠며 견고하고, 점차 갈색·자갈색~갈흑색을 띠며 분질로 된다.

포자는 10.2~15.3(18)㎛로 구형이고, 끝이 뾰족한 침상돌기(1.5~2㎛)가 있으며, 갈색이다. 담자기는 잘 보이지 않는다. 기본체 내의 균사는 벽은 얇거나 두꺼우며, 갈색을 띠고 격막에 협구가 없다. 균사말단은 염주형(moniliform)이다. 탁실균사(capillitium)는 없다.

❶ 어린 자실체를 자르면 볼 수 있는 암갈색의 포자층

| 발생 시기 및 장소 | 주로 늦여름과 가을에 활엽수림 또는 혼합림의 지면, 정원, 도로 주변 등에 무리지어 발생한다.

| 식용 가능 여부 | 독버섯이다.

❷ 기본체에 탁실균사는 없고 포자로 채워짐 ❸ 자실체 표면의 얼룩
❹ 외피표막은 성숙하면 미세한 인편으로 갈라짐

ㅈ

위장관 자극 중독을 일으키는

좀우단버섯

Paxillus atrotomentosus (Batsch) Fr.

분류 담자균문(Basidiomycota) 주름버섯강(Agaricomycetes)
그물버섯목(Boletales) 우단버섯과(Paxillaceae)
우단버섯속(*Paxillus*)

| 형태적 특징 | 갓은 직경이 40~180㎜로 초기에는 반구형~반반구형이나, 성장 후에는 반반구형~편평하게 펴지며 종종 중앙 부위는 다소 함몰된다. 갓 끝은 초기에 안쪽으로 심하게 말려 있는데 상당 기간 말려 있다. 표면은 녹갈색~암갈색을 띠며, 미세한 벨벳상 털이 밀포되어 있으나 점차 소실되어 성숙 후에는 대부분 평활하다. 조직은 다소 두껍고 육질형이며, 유백색~담황색이고 상처 시 변색하지 않는다. 무미무취이다.

주름살은 내린주름살이고 빽빽하며 좁고 불규칙하게 1회 또는 수회 분지가 일어나며, 종종 대의 부근에서 다소 망목상을 이룬다. 초기에 담갈크림색이나 후에 황갈색을 띠고, 상처 시 변색하지 않는다. 주름살날은 평활하다.

대는 크기가 35~120×8~30㎜로 원통형이고 종종 굽어 있으며, 종종 기부 쪽이 약간 가늘고 편심형~측심형이다. 표면은 녹갈색

❶ 흑갈색의 거친 털이 있는 어린 자실체

~암갈색 바탕에 흑갈색의 거친 털이 밀포되어 있다.

포자는 크기가 4.5~6.2×3.2~4㎛로 광타원형~난형이며, 얇고 위아밀로이드이다. 포자문은 담황토색이다. 담자기는 크기가 30~40.5×5.5~8.5㎛로 4-포자형이며, 기부에 협구가 있다. 날시스티디아와 측시스티디아는 없다. 자실층 조직은 갈빗살형이며 균사에 협구가 있다. 갓 표피상층은 폭 3~8.5㎛인 평행균사~불규칙한 균사로 구성되어 있고, 종종 원통형~협곤봉형의 균사다발을 이룬다.

| 발생 시기 및 장소 | 여름~가을에 주로 침엽수의 고사목 기부, 뿌리 위에 또는 그 주변의 지상에 군생한다. 드물게는 활엽수 고사목 위에도 발생한다. 다소 흔한 종이다.

| 식용 가능 여부 | 독버섯이다.

❷ 벨벳상 인피가 있고 중앙 부위가 함몰된 갓 ❸ 황갈색의 주름살

환각 중독을 일으키는

좀환각버섯

Psilocybe coprophila var. *coprophila* (Bull.) P. Kumm.

분류 담자균문(Basidiomycota) 주름버섯강(Agaricomycetes)
주름버섯목(Agaricales) 포도버섯과(Strophariaceae)
환각버섯속(*Psilocybe*)

| 형태적 특징 | 갓은 5~20㎜로 유구형~반구형이나 후에 반구형~편평상 반반구형으로 된다. 종종 중앙에 둔한 소돌기가 있으며, 완전 편평하게 펴지지 않는다. 표면은 습할 때 점성이 있고 담갈색~암자갈색으로 반투명선이 보이며, 투명하고 얇은 점성의 표피층이 있으나 잘 벗겨진다. 건조하면 담황색으로 퇴색한다. 주름살은 완전붙은주름살~짧은내린주름살로 성글며, 폭은 넓고 갓을 위에서 아래로 자르면 주름살은 삼각형이며 옅은 회갈색이나 포자가 성숙하면 갈흑색으로 되며, 주름살날은 백색 분질이 있다. 대는 25~40×1~2.5㎜로 기부가 약간 굵고, 표면에는 미세한 섬유질이 있으며 갓보다 연한 색을 띠고 중공이다. 내피막은 백색의 거미줄~면상 섬유질이고, 턱받이는 형성하지 않는다.

포자문은 암자갈색이며, 포자는 10.5~13.6×6.2~8.3㎛로 육각형~마름모꼴(hexagonal to rhomboid)이며, 절두상 발아공이 있고 포자벽은 두껍다. 담자기는 4-포자형이고 기부에 협구가 있다. 날시스티디아는 24~37×7.5~13.5㎛(문헌에는 16~32×5; 5~7.5㎛)이며, 원통형·원통상조롱박형~편복형으로 정단부는 뭉툭하거나 두상형이다. 측시스티디아는 없다. 자실층 조직은 평행형이다. 갓 표피상층은 평행균사로 구성되어 있고 젤라틴질이다.

ㅈ

| 발생 시기 및 장소 | 여름과 가을에 소, 말, 염소 등의 배설물 또는 퇴비 더미 위에서 다수 무리지어 발생한다.

| 식용 가능 여부 | 독버섯이다.

쇠똥에 발생한 자실체

위장관 자극 중독을 일으키는

주름우단버섯

Paxillus involutus (Batsch) Fr.

분류 담자균문(Basidiomycota) 주름버섯강(Agaricomycetes)
그물버섯목(Boletales) 우단버섯과(Paxillaceae)
우단버섯속(*Paxillus*)

| 형태적 특징 | 갓은 35~95㎜로 반구형~반반구형이나 성장하면 편평하게 펴지며 종종 위로 반전된다. 갓 끝은 초기에 안쪽으로 말려 있다. 표면은 점토색~어두운 황갈색으로 약간 올리브색을 띠며, 성숙하면 적갈색의 얼룩이 생긴다. 습할 때는 약간 점성이 있고, 중앙 부위는 평활하나 갓 주변부에는 짧은 돌기상 선이나 부드러운 털이 밀포되어 있다. 조직은 담황색이나 상처 시 갈색~적갈색으로 변한다. 주름살은 내린주름살이고 빽빽하며, 불규칙하게 1~3회 분지가 있으며, 종종 대 부근에서 망목상을 이룬다. 담황색이나 후에 황토적색~적갈색으로 얼룩지며, 상처 시 적갈색으로 변한다.

대는 35~80×4~11㎜로 원통형이고 기부 쪽이 굵다. 표면은 평활하며, 단 어린 시기에 기부에 면상모가 있고, 담황색~담황토색이나 점차 갈색으로 얼룩지며, 상처 시 적갈색으로 변한다.

포자문은 황갈색~황적갈색이며, 포자는 7.2~9.3×4.5~5㎛로 타원형이다. 담자기는 4-포자형이며 기부에 협구가 있다. 날시스티디아는 55~84.5(100)×7.5~15㎛로 방추형이며, 정단이 길게 신장

되어 있다. 측시스티디아는 날시스티디아와 유사하다. 균사에 협구가 있다.

| 발생 시기 및 장소 | 주로 여름과 가을에 침엽수 또는 드물게 광엽수 절주목, 매몰된 나무 위에 군생한다.

| 식용 가능 여부 | 독버섯이다.

❷ 짧은 돌기상 선이나 부드러운 털이 밀포된 갓 주변부
❸ 1~3분지상의 주름살 ❹ 상처 시나 성숙하면 적갈색의 얼룩이 생김

ㅈ

위장관 자극 중독을 일으키는

주홍여우갓버섯

Leucoagaricus rubrotinctus (Peck) Singer

분류 담자균문(Basidiomycota) 주름버섯강(Agaricomycetes)
주름버섯목(Agaricales) 주름버섯과(Agaricaceae)
여우갓버섯속(*Leucoagaricus*)

| 형태적 특징 | 갓은 30~75㎜로 반구형이나, 성장하면 반반구형~중앙볼록편평형으로 되며, 갓 끝은 반전된다. 표면은 건성이고 평활하며 분홍갈색·갈적색~적갈색의 벨벳상이나 성장하면 산호색·분홍등황색~담적색을 띠고, 중앙 부위를 제외하고 점차 방사상으로 갈라져 섬유질 인피를 형성하며, 갈라진 사이로 옅은 백색의 육질이 나타난다. 조직은 얇고 백색이다. 주름살은 떨어진주름살이고 빽빽하며 백색이다. 주름살날은 다소 분질상이다. 대는 65~110×3~7㎜로 원통형이며, 기부는 팽대(8~12㎜)되어 있다. 백색이고 평활하다. 대의 속은 비어 있으며 잘 부서진다. 턱받이는 막질이고 백색이나 끝은 적색 띠가 있다.

포자문은 백색이고, 포자는 6.7~8×3.7~4.5㎛로 난형~방추상타

❶ 방사상의 섬유질이 드러난 갓

원형이고, 포자벽은 두꺼우며 발아공은 없거나 불명료하고, 위아밀로이드이다. 담자기는 4-포자형이며, 기부에 협구가 없다. 날시스티디아는 25~33.5×6.5~11.8㎛로 곤봉형~원통형이다. 측시스티디아는 없다. 갓 표피상층은 직립의 원통형~원통상방추형의 말단세포로 되어 있으며, 갓 중앙 부위는 젤라틴질이고, 갓 끝의 균사에 적갈색 색소가 있으며 격막에 협구가 없다.

| 발생 시기 및 장소 | 여름과 가을에 주위의 지상이나 정원에 소수 군생한다.

| 감별해야 할 식용버섯 | 큰갓버섯

| 식용 가능 여부 | 독버섯이다.

❷ 막질의 턱받이

❸ 주름살 보호하는 내피막

❹ 대의 중심인 턱받이 끝에 있는 적색 띠 ❺ 건조할 때 발생한 버섯은 대가 갈라지기도 함

64

ㅊ

위장관 자극 중독을 일으키는

침비늘버섯

Pholiota squarrosoides (Peck) Sacc.

분류 담자균문(Basidiomycota) 주름버섯강(Agaricomycetes) 주름버섯목(Agaricales) 포도버섯과(Strophariaceae) 비늘버섯속(*Pholiota*)

| 형태적 특징 | 갓은 크기가 30~68(110)㎜로 초기에는 유구형~반구형이고 갓 끝은 섬유질상 내피막으로 싸여 있으나 성장하면 반반구형, 중앙 부위가 다소 둔볼록형인 편평형, 드물게는 편평하게 펴진다. 표면은 건성이나 습할 때 약간 점성이 있으며 옅은 황색~옅은 황갈색을 띤다. 인편은 직립돌기형으로 중앙부에 밀포되어 있고, 갓 끝 쪽으로는 다소 드물게 산재해 있으며, 비교적 영존성이고 담황갈색~황토황갈색을 띤다. 인피 아래에 점성이 있다. 조직은 비교적 두껍고 육질형이며, 황백색으로 맛과 향기는 특별하지 않다.

주름살은 대에 완전붙은주름살로 빽빽하며 유백색이나, 후에 적갈색으로 되며 종종 밝은 적갈색으로 얼룩지기도 한다.

대는 크기가 50~80×4.5~9.5㎜로 원통형으로 상하 굵기가 비슷하거나 기부 쪽이 다소 굵다. 표면은 정단 부위는 유백색~옅은 황

❶ 갓 표면에는 직립돌기형 인편 ❷ 어릴 때는 거친 돌기상 인편이 발달되어 있다. ❸ 면모상 섬유질의 턱받이

색을 띠며 면모상견사상이고, 하반부는 담황색이며 기부 쪽은 점차 암적갈색으로 되고, 황갈색의 직립 또는 반전된 크고 거친 돌기상 인편이 있으며, 대부분은 장기간 부착되어 있다. 턱받이는 옅은 황색을 띠며, 면모상 섬유질이고, 쉽게 탈락한다.

포자문은 적갈색이며 포자는 크기가 4~5.5×3~3.5㎛로 모양은 타원형~난형이며, 표면은 평활하고 발아공은 분명하지 않으며, 포자벽은 다소 얇다. 담자기는 크기가 16.5~21.2×4.3~5.8㎛로 4-포자형이며, 날시스티디아는 크기가 25~45×4.5~13.5㎛이며, 모양은 방추형~곤봉형 · 방추상곤봉형이고, 세포벽은 얇으며 세포질 내에 황토갈색의 물질이 있다. 측시스티디아는 크기가 31.4~55.3×7.8~16.5㎛로 곤봉형 · 곤봉상방추형 · 정단부가 뾰족하거나 유두상 돌기가 있는 편복형이고, 세포벽은 얇으며 대부분 무색이고, KOH 용액에서 무색이거나 옅은 황색~등황색을 띠나 전형

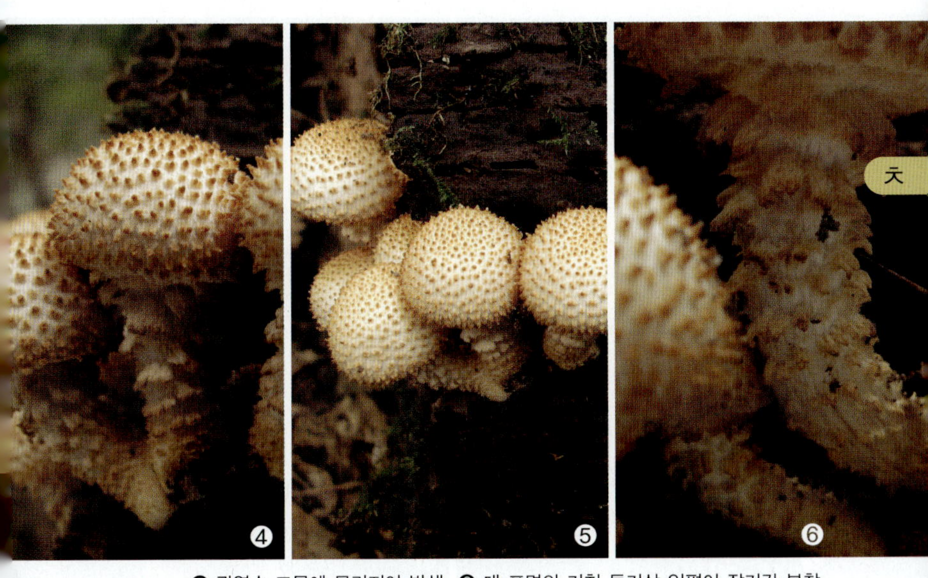

❺ 광엽수 고목에 무리지어 발생 ❻ 대 표면의 거친 돌기상 인편이 장기간 부착

적인 노란 시스티디아는 아니다. 표피상층은 폭이 4.5~8.7㎛의 평행균사로 구성되어 있으며, 인피 아래에 젤라틴질이 있다. 인피는 원통형~난형유타원형 세포로 되어 있으며, 표면은 평활하거나 점돌기가 있다. 균사에 협구가 있다. 자실층 조직은 혼선형이고, 자실내층(subhymenium layer)이 분명히 잘 발달되었으며 젤라틴질이다. 대시스티디아는 크기가 27.8~58.3×4.5~8㎛로 좁은 곤봉형~원통형으로 세포벽은 얇고, 평활하며 다발성이다.

| 발생 시기 및 장소 | 여름과 가을에 광엽수 위 고목에 다수 무리지어 발생한다.

| 식용 가능 여부 | 개개인의 체질에 따라 중독증상(복통과 설사)이 나타나며, 특히 술과 함께 먹으면 중독증상이 나타나기 때문에 주의해야 한다.

❽ 백색의 조직

위장관 자극 중독을 일으키는

큰비늘땀버섯

Inocybe calamistrata (Fr.) Gillet

분류 담자균문(Basidiomycota) 주름버섯강(Agaricomycetes)
주름버섯목(Agaricales) 땀버섯과(Inocybaceae)
땀버섯속(*Inocybe*)

| 형태적 특징 | 갓은 16~27㎜로 반구형이나 성장하면 반반구형으로 된다. 표면은 평활하거나 분질물이 있고, 성장하면 갈라져 손거스러미상의 인피 또는 끝이 위로 반전된 비늘 모양의 인피가 형성된다. 회갈색~암갈색을 띠고, 갓 끝은 초기에 안쪽으로 굽어 있으며 내피막의 일부가 부착되어 있다. 조직은 섬유상 육질이며 백색이나 자르고 난 후에 약간 붉은색으로 변하며, 밤꽃 냄새(sperm)가 나고 맛은 약간 떫다. 주름살은 완전붙은주름살~홈주름살이며 약간 성글고, 암백색이나 성장하면 갈색~적갈색을 띤다. 주름살날은 백색 분질이 있다. 대는 22~55×3~4.5㎜로 상하 굵기가 비슷하다. 표면은 손거스러미상 섬유상 인피가 산재해 있으며 갈색을 띠고, 상부는 담갈색이며 미세한 면모상 분질이 있다. 대 기부는 청록색이다.

❶ 손거스러미 모양의 인피가 있는 갓

❷ 청색을 띠는 대 기부

포자문은 황토갈색이며, 포자는 9.1~13.1×4.5~6.3㎛로 원통형~유강낭콩형이고, 포자벽은 두껍다. 담자기는 4-포자형이고 기부에 협구가 있다. 날시스티디아는 20.3~52.7×6.5~14.2㎛로 곤봉형~원통형 또는 원통상곤봉형이며, 세포벽은 얇고 기부에 협구가 있다. 측시스티디아는 없다. 갓 표피상층은 평행균사로 되어 있으며 옅은 황갈색을 띠고 균사에 협구가 있다.

| 발생 시기 및 장소 | 여름과 가을에 드물게 관찰되는데, 주로 활엽수림과 침엽수림의 지상 또는 부식질이 없는 산성토양에서 소수 군생한다.

| 식용 가능 여부 | 독버섯이다.

③

④

❹ 대 아래쪽으로 손거스러미상의 인피 산재

ㅋ

위장관 자극 중독을 일으키는

큰우산버섯

Amanita vaginata var. *punctata* (Cleland & Cheel) E.-J. Gillbert

분류 담자균문(Basidiomycota) 주름버섯강(Agaricomycetes) 주름버섯목(Agaricales) 광대버섯과(Amanitaceae) 광대버섯속(*Amanita*)

| 형태적 특징 | 자실체는 초기에 백색의 작은 달걀 모양이나 성장하면서 정단부의 외피막이 파열되어 갓과 대가 나타난다. 갓은 크기가 55~140㎜이며, 초기에는 반구형이나 성장 후에는 중앙볼록편평형~편평형으로 된다. 표면은 습할 때 다소 점성이 있으며 평활하거나 갈색·회갈색·황갈색 등의 다양한 색이며, 주변 부위는 옅은 색을 띠며 방사상의 선명한 홈선이 있다. 조직은 비교적 얇고 부드러우며 육질형이고 백색이나 표피층은 회갈색이다. 맛과 냄새는 특별하지 않다. 주름살은 대에 떨어진주름살이고 약간 성글거나 약간 빽빽하며, 주름살날은 암회갈색의 분질상이다. 대는 크기가 53~180×15~20㎜로 원통형이며 위쪽이 다소 가늘다. 표면은 유백색 또는 회백색 바탕에 암회색의 미분질이 얼룩덜룩한 뱀 껍

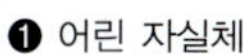

❶ 어린 자실체

❷ 갓 가장자리에 있는 홈선

질 모양의 문양이 있다. 대 기부에는 아래쪽은 대에 부착되어 있고 위쪽은 떨어진 백색 대주머니가 있다. 턱받이는 없고, 초기에는 대의 속은 차있으나 성장하면 비어 있다. 포자는 크기가 9.2~11.2㎛로 구형이고 비아밀로이드이며, 포자문은 백색이다. 자실층 조직은 갈빗살형이다.

| 발생 시기 및 장소 | 여름~가을에 활엽수와 침엽수림 내 지상에 단생 혹은 산생하며, 외생균근형성균이다.

| 감별해야 할 식용버섯 | 우산버섯. 우산버섯은 대의 표면과 주름살 날부분이 흰색이지만 큰우산버섯은 약간 검은색 톤을 띠고 있다.

| 식용 가능 여부 | 독버섯이다.

❸ 검은색 인피가 있는 대의 표면

❹ 알 속의 자실체

❺ 갓 표면의 홈선 ❻ 땅 표면에 드러난 대주머니

ㅋ

위장관 자극 중독을 일으키는

큰주머니대광대버섯

Amanita volvata (Peck) Lloyd

분류 담자균문(Basidiomycota) 주름버섯강(Agaricomycetes) 주름버섯목(Agaricales) 광대버섯과(Amanitaceae) 광대버섯속(*Amanita*)

| 형태적 특징 | 자실체는 초기에 백색의 난형이나 상단 부위가 갈라지며 갓과 대가 나타난다. 갓은 52~95㎜로 어린 시기에는 종형~반구형이나 성장하면 반반구형, 편평상반반구형~편평하게 펴진다. 표면은 건성이고 백색~옅은갈백색 바탕에 옅은 분홍갈색의 분질상~면모상 인편이 있으며, 종종 막질의 외피막 일부가 부착되어 있다. 조직은 두껍고 육질형이며 백색이나 상처 시 다소 붉게 변한다. 주름살은 떨어진주름살이고 약간 빽빽하며 폭이 넓으며, 초기에는 백색이나 성숙하면 옅은 분홍적색을 띤다. 주름살날은 분질상~미세한 톱날형이다. 대는 54~142×5~15㎜로 원통형이나 일반적으로 상부 쪽이 가늘다. 표면은 백색~옅은갈백색을 띠며, 갓과 같은 분질상 인편이 있다. 막질의 턱받이는 없다. 대주머니는 매우 크고 두꺼우며 막질이고 유백색~옅은 분홍갈색을 띤다.
포자문은 백색이고, 포자는 7.2~11.8×5.2~7.3㎛로 타원형~긴타원형이며 아밀로이드이다. 날시스티디아는 23.2~44.7×11.4~24.6㎛로 곤봉형, 서양배 모양~유구형이다.

❶ 젤라틴층의 두꺼운 큰 대주머니 ❷ 옅은 황갈색의 분질물이 있는 갓
❸ 외피막에 싸인 자실체

| 발생 시기 및 장소 | 여름에서 가을까지 혼합림 내 지상에서 단생, 산생 또는 소수 군생하는 외생균근균이다.

| 감별해야 할 식용버섯 | 우산버섯

| 식용 가능 여부 | 독버섯이다. 경기도 일부 지역에서는 주민들이 소량씩 식용하고 있지만, 국내에서는 아직까지 큰주머니대광대버섯에 의해 중독된 예가 없다. 그러나 일본에서는 사망한 사례가 있으므로 주의해야 한다.

❹ 건조할 때 갓 표면의 갈라지는 모습
❺ 건조하거나 오래되면 갈색으로 변하는 갓 표면의 인편

❼ 분질물 형태의 내피막

위장관 자극 중독을 일으키는

턱받이광대버섯

Amanita spreta (Peck) Sacc.

분류 담자균문(Basidiomycota) 주름버섯강(Agaricomycetes) 주름버섯목(Agaricales) 광대버섯과(Amanitaceae) 광대버섯속(*Amanita*)

| 형태적 특징 | 자실체는 백색의 작은 달걀 모양이나 점차 상단 부위가 갈라져 갓과 대가 나타난다. 갓은 25~65㎜로 난형~종형이나 성장하면 반반구형~편평하게 펴진다. 표면은 평활하고, 습할 때는 다소 점성이 있으며 회갈색~회색을 띠고 방사상으로 홈선이 있다. 조직은 비교적 얇고, 갓의 표피하층은 회색을 띤다. 주름살은 떨어진주름살로 약간 성글며 백색이다. 주름살날은 분질상이다. 대는 45~110×4~8㎜로 원통형이고, 상부 쪽이 다소 가늘다. 표면은 평활하거나 종으로 섬유상 선이 있고 백색이며, 대의 속은 비어 있다. 턱받이는 막질이다. 대주머니는 백색이고 막질이다. 포자문은 백색이고, 포자는 9.8~13.5×6.6~9.2㎛로 넓은 타원형이며 평활하고 비아밀로이드이다.

| 발생 시기 및 장소 | 여름과 가을에 걸쳐서 활엽수림, 침엽수림 또는 혼합림의 지상에서 산생한다.

| 감별해야 할 식용버섯 | 턱받이광대버섯과 우산버섯은 갓 표면은 주변 부위에 방사상으로 홈선이 있고, 백색의 길고 가는 대와 대 기부에 대주머니(우산버섯형의 대주머니)의 형태가 매우 유사하지

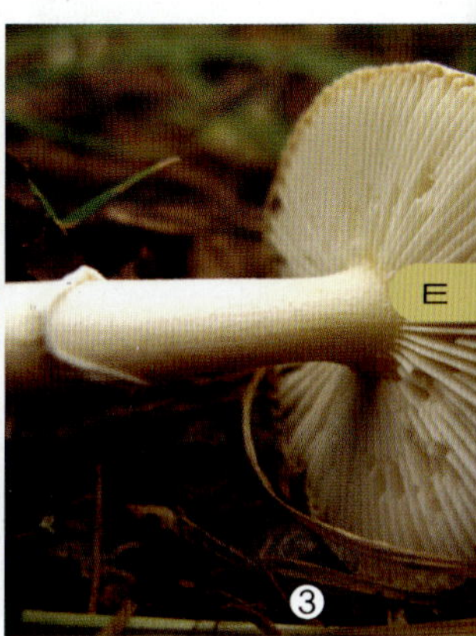

❶ 외피막에 싸여 있는 자실체 ❷ 알에서 나오는 백색의 갓 ❸ 얇은 막의 턱받이

ㅌ

만, 우산버섯은 대의 상부에 턱받이가 없다는 점이 다르다. 긴골광대버섯아재비(*A. longistriata* S. Imai)는 턱받이광대버섯과 모양과 크기, 대에 턱받이가 있다는 점에서 매우 비슷하나, 전자는 주름살이 초기에는 백색이나 점차 분홍색을 띤다는 점에서 쉽게 구별된다.

| 식용 가능 여부 | 독버섯이다.

❹ 상부 쪽이 가는 대 ❺ 막질의 대주머니
❻ 종으로 형성된 섬유질상 선 ❽ 백색의 주름살

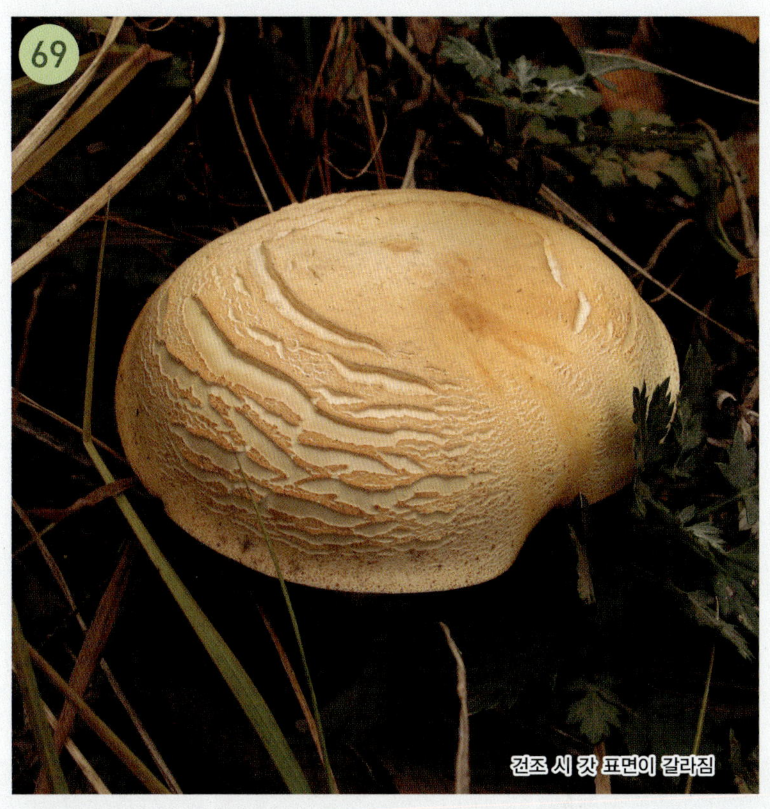

위장관 자극 중독을 일으키는

털받이금버섯

Phaeolepiota aurea (Matt.) Maire

E

분류 담자균문(Basidiomycota) 주름버섯강(Agaricomycetes) 주름버섯목(Agaricales) 주름버섯과(Agaricaceae) 금버섯속(*Phaeolepiota*)

| 형태적 특징 | 갓은 크기가 42~105㎜이고, 모양은 초기에는 반구형~원추상종형이나 후에 반반구형으로 되고, 완전히 성숙하면 편평하게 펴지며 종종 중앙볼록편평형으로 된다. 표면은 황토색~오렌지갈색을 띠며, 같은 색 또는 짙은 황토색의 분질이 밀포되어 있고, 평활하거나 종종 방사상의 주름이 있다. 조직은 백색~옅은 황색을 띠며 중앙 부위는 다소 두껍고, 맛은 다소 신맛이 나며 냄새는 부드럽다.

주름살은 대에 끝붙은주름살 또는 떨어진주름살이고 빽빽하며, 옅은 황색이나 후에 황토색~황토갈색으로 된다. 주름살날은 평활하다.

대는 크기가 64~202×8.5~32㎜이고 상하의 굵기가 같거나 기부가 팽대하여 곤봉형을 이루기도 한다. 턱받이 상부는 평활하고 담황색~갈황색을 띠며, 턱받이 아래쪽은 밝은 황색~갈황색의 과립상 분질이 있고, 종종 종으로 주름이 있다. 턱받이는 막질이고, 상면은 거의 평활하며, 하면은 분질이 있고 다소 주름이 있으며, 밝은 황색~황갈색을 띤다.

❷ 대에 떨어진주름살 ❸ 턱받이 아래쪽에 있는 과립상의 분질물

포자문은 황토갈색이고, 포자는 크기가 10~12.3×3.8~5㎛이며, 모양은 타원상방추형이고 표면에 미세한 점돌기(punctate)가 있다. 담자기는 4-포자형이며 기부에 협구가 있다. 날시스티디아와 측시스티디아는 없다. 갓 표피상층은 크기가 18.6~57.3×10.5~26㎛로 곤봉형·서양배형·방추형·유구형·타원형의 세포로 구성되었으며, 표면에 짧은 돌기가 산재해 있고 갈색색소가 있으며 세포벽은 얇다.

| **발생 시기 및 장소** | 가을에 들 또는 임내 지상에 무리지어 발생하는 희귀종의 버섯이다.

| **감별해야 할 식용버섯** | 독청버섯아재비와 구별해야 한다.

| **식용 가능 여부** | 독버섯이다.

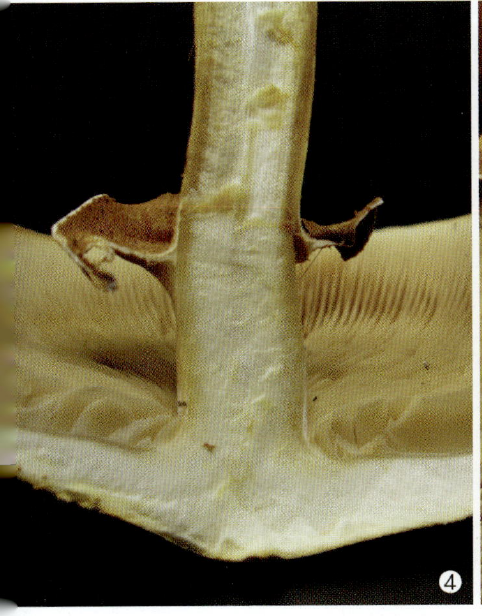

❹ 백색 또는 황색의 조직   ❺ 대 상부에 있는 과립상 분질의 턱받이

E

❻ 갓 위의 황토갈색의 포자 ❼ 황토갈색의 주름살

아마톡신 중독을 일으키는

턱받이종버섯

Conocybe filaris (Fr.) Kühner

ㅌ

분류 담자균문(Basidiomycota) 주름버섯강(Agaricomycetes)
주름버섯목(Agaricales) 소똥버섯과(Bolbitiaceae)
종버섯속(*Conocybe*)

| 형태적 특징 | 갓은 6~20㎜로 원추상종형이나 성장하면 원추상반반구형으로 되며, 대부분 중앙 부위는 돌출되어 있고, 끝은 위쪽으로 반전되어 있다. 표면은 평활하며, 습할 때 가는 주름~반투명선이 있으며, 건조하면 건변색 현상이 나타나고, 황갈색~등황갈색을 띠며, 건조하면 베이지~황토색을 띤다. 주름살은 끝붙은주름살이며, 약간 성글고 폭은 좁으며, 황토색~등황갈색을 띠고, 주름살날은 분질상이다. 대는 18~35×1~2㎜로 원통형이고 종종 굽어 있으며 속은 비어 있다. 상부는 담황을 띠며 백색의 분질이 있고, 종으로 홈선이 있다. 턱받이 아래쪽은 밝은 갈색이고 기부는 암갈색~회갈색을 띠며, 종으로 홈선이 있다. 턱받이는 막질이고 움직일 수 있으며, 상부는 방사상으로 홈선이 있다.

포자문은 적갈색이며, 포자는 7.5~10×4.5~5.5㎛로 타원상아몬드형이고, 포자벽은 두꺼우며 발아공이 있다. 담자기는 4-포자형이고, 기부에 협구가 있다. 날시스티디아는 27.6~40.6×8.5~12.7㎛로 방추상호야형이다. 측시스티디아는 없다. 갓 표피상층은 자실형으로 서양배~소포형세포로 구성되어 있다.

대의 턱받이가 쉽게 소실(좌)

| 발생 시기 및 장소 |

봄, 여름과 가을에 정원, 공원, 임도 등의 부식질이 많은 곳에 산생하거나 군생한다.

| 감별해야 할 식용버섯 |

밀버섯, 볏짚버섯류

| 식용 가능 여부 |

독버섯(맹독성)이다.

이보텐산-무시몰 중독을 일으키는

파리버섯

Amanita melleiceps Hongo

ㅍ

분류 담자균문(Basidiomycota) 주름버섯강(Agaricomycetes) 주름버섯목(Agaricales) 광대버섯과(Amanitaceae) 광대버섯속(*Amanita*)

| 형태적 특징 | 갓은 27~56㎜로 구형~반구형이나 성숙하면 반반구형~편평하게 펴진다. 표면은 습할 때 점성이 있으며, 담황색~황토색을 띠고, 백색~담황색의 분질이 산재해 있으며, 방사상의 홈선이 있다. 조직은 얇고 유백색~옅은 황색을 띠며 잘 부서진다. 주름살은 떨어진주름살이고 성글며 백색을 띠고, 주름살날은 평활하다. 대는 33~58×3~6㎜로 원통형이고, 기부는 팽대하여 구근상을 이룬다. 표면은 백색~옅은 황색을 띠고, 구근상 위에는 담황색의 분질물이 덮여 있으나 소실된다. 성장하면 대의 속은 빈다. 턱받이는 없다. 포자문은 백색이고, 포자는 7.8~11.2×5.6~8.1㎛로 광타원형이며 비아밀로이드이다.

| 발생 시기 및 장소 | 여름에 주로 발견되는데, 적송림 또는 참나무림의 지상에 산생한다.

| 식용 가능 여부 | 독버섯이다. 국내에서는 살충제가 나오기 오래전부터 파리버섯을 따다가 밥에 비벼서 놓으면 파리가 이것을 빨아 먹고 죽었다. 그러나 아직까지 파리를 죽이는 독성분에 대해서는 알려져 있지 않다.

❸ 어린 자실체의 갓 위에 생긴 분질상의 외피막

❹ 방사상의 홈선이 있는 갓 ❺ 성숙한 자실체의 갓과 주름살
❼ 흰색의 포자를 가지고 있는 주름살

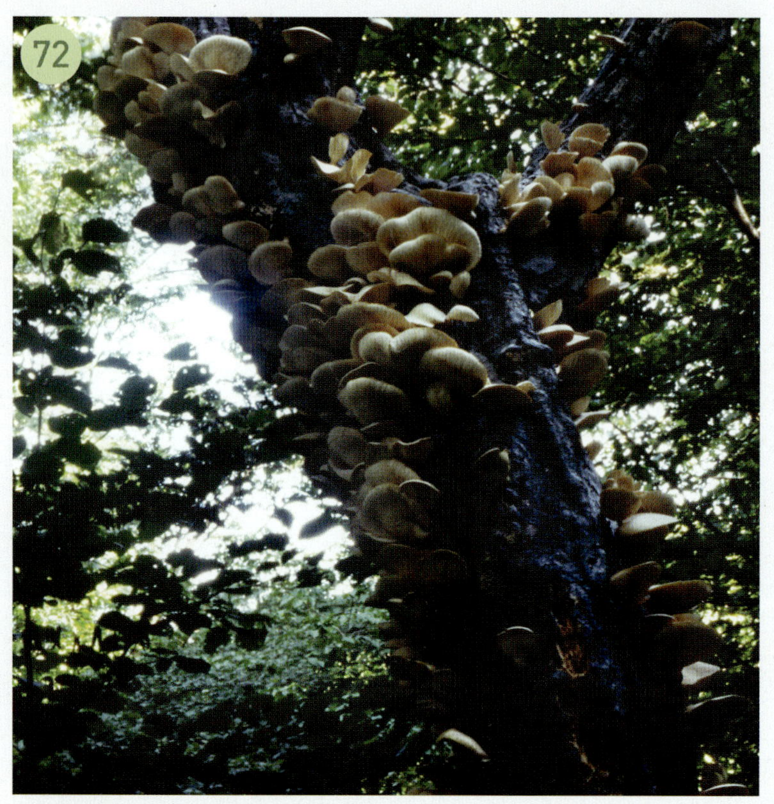

위장관 자극 중독을 일으키는

화경솔밭버섯

Lampteromyces japonicus (Kawam.) Singer

분류 담자균문(Basidiomycota) 주름버섯강(Agaricomycetes)
주름버섯목(Agaricales) 송이과(Tricholomataceae)
솔밭버섯속(*Omphalina*)

| 형태적 특징 | 갓은 67~225㎜로 어른 손바닥만 하며 조개형 또는 신장형으로 된다. 표면은 황등갈색 · 자갈색~암자갈색을 띠고 짙은 색의 인피가 있다. 주름살은 내린주름살이고 폭은 넓으며 약간 빽빽하고 엷은황색~백색이다. 빛이 없는 밤에는 청백색의 인광이 난다. 대는 12~27×15~32㎜로 짧고 뭉툭하며 편심생이고, 돌출된 불완전한 턱받이가 있다. 조직은 두껍고 육질형이며, 백색이나 기부를 종으로 절단하면 암자색의 반점이 있다. 맛과 향기는 부드럽다.

포자문은 백색이고, 포자는 크기가 10.8~14.5㎛로 구형이다.

| 발생 시기 및 장소 | 여름과 가을에 서어나무 · 너도밤나무류, 특히 서어나무의 고목에 무리지어 발생한다.

| 감별해야 할 식용버섯 | 화경솔밭버섯은 외관상 느타리, 표고, 참

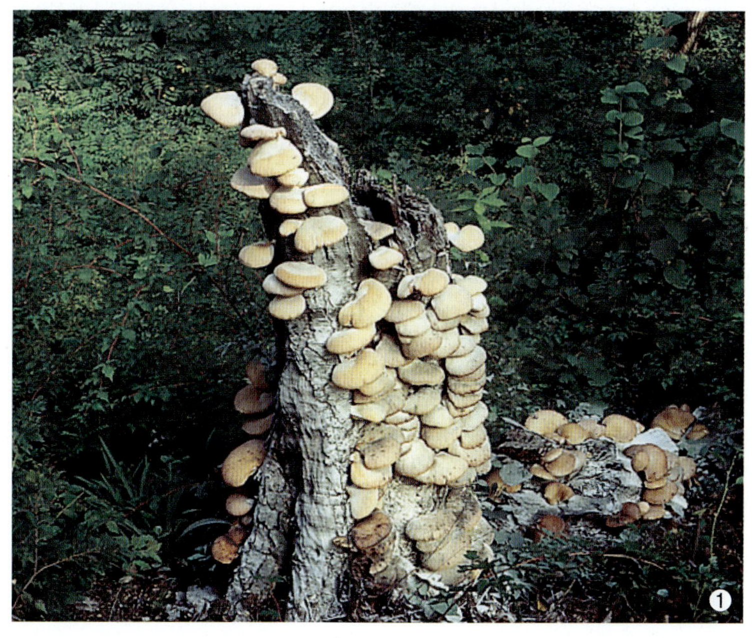

ㅎ

부채버섯과 비슷하나, 밤이나 빛이 없는 어두운 곳에서 청백색의 인광이 나고, 대의 기부를 자르면 자흑색의 반점이 있다는 점이 특징이다.

| 식용 가능 여부 | 독버섯이다.

❷ 대 기부에 있는 검은색 반점(느타리와 차이점) ❸ 밤에 나타나는 인광

73

위장관 자극 중독을 일으키는

황금싸리버섯

Ramaria aurea (Schaeff.) Quél.

분류 담자균문(Basidiomycota) 주름버섯강(Agaricomycetes) 나팔버섯목(Gomphales) 나팔버섯과(Gomphaceae) 싸리버섯속(*Ramaria*)

| 형태적 특징 | 자실체는 중간형~대형이며 75~150(200)×45~120㎜로 산호 모양이고, 초기에는 짧고 뭉툭한 자루 모양(지름 20~50㎜)이며, 상단부에서 2~6개의 분지가 나타나고, 위쪽으로 4~6회 분지가 형성된다. 상부 쪽의 분지는 점점 가늘고 짧다. 분지는 2분지 또는 다분지형이며, 분지의 모양은 포크·U자형이고, 분지 끝은 뾰족하거나 뭉툭하다. 대의 기부는 흰색을 띠고 상부 쪽은 레몬황색을 띠며, 분지 끝은 약간 붉은색을 띤 난황색이고, 성숙하면 다소 옅은 황색으로 퇴색된다. 상처 시 변색되지 않는다. 조직은 흰색이고, 육질형~육질상섬유질형이다. 냄새는 불분명하고, 약간 신맛이 있거나 부드럽다. $FeSO_4$ 용액을 분지에 떨어뜨리면 적색으로 변한다(Schild).

포자문은 황색이며, 포자는 8.5~10.4×3.5~5㎛로 타원형이고, 표면에 미세돌기가 있으며 종종 돌기종선을 이룬다. 담자기는 긴 곤봉형이며 4-포자형이고, 기부에 협구가 없다. 시스티디아는 없다. 자실층 조직은 제1균사조직형(Monomitic)이고 격막에 협구가 없다.

| 발생 시기 및 장소 | 주로 늦은 여름이나 가을에 활엽수림(특히 참나무류인 너도밤나무림)의 지상에 무리지어 발생하며, 국내에서는 흔히 볼 수 있는 종이다.

| 감별해야 할 식용버섯 | 싸리버섯과는 구별된다.

| 식용 가능 여부 | 준독성이다.

아마톡신 중독을 일으키는

황토에밀종버섯

Galerina vittiformis var. *vittiformis* (Fr.) Singer

분류 담자균문(Basidiomycota) 주름버섯강(Agaricomycetes) 주름버섯목(Agaricales) 포도버섯과(Strophariaceae) 에밀종버섯속(*Galerina*)

| 형태적 특징 | 갓은 크기가 7~15㎜로 모양은 초기에 원추형~종형이고 성장하면 다소 펴지나 종형~반반구형으로 편편하게 펴지지 않는다. 표면은 대체로 평활하고 흡수성이며 황토갈색~황갈색을 띠고, 습할 때 방사상으로 반투명선이 나타나며, 건조하면 옅게 탈색되고 반투명선은 소실된다. 갓 끝은 평활하거나 다소 거치형이다. 조직은 황토색이고 얇으며, 냄새는 불분명하고, 맛은 부드럽다. 주름살은 대에 완전붙은주름살~끝붙은주름살이고 성글며, 담황토색~황토갈색을 띤다. 주름살날은 평활~미분상이다. 대는 크기가 25~65×±1㎜로 상하 굵기가 비슷하며 원통형이다. 표면은 상부는 황토갈색이고, 하부는 암적색을 띠며, 대 기부에 백색 균사모가 있다. 속은 비어 있다.

포자문은 적갈색이다. 포자는 4-포자형은 크기가 8~10.5×5.5~6.5㎛이고, 2-포자형은 11~13×6.5~75㎛이며, 난형~유아몬드형이고, 표면에 주름상~사마귀상돌기가 있으며, 포자반이 있고, 모상덮개(calptrate)는 없다. 담자기는 크기가 25~30×8~10.5㎛로 2 또는 4-포자형이고, 기부에 협구가 있다. 날시스티디아 35~50×8~10.5㎛로 방추형, 편복형~램프형이고, 세포벽은 얇으며, 기부에 종종 협구가 있고 무색이다. 측시스티디아는 크기와 모양이 날시스티디아와 유사하다. 자실층 조직은 유평행형이다. 갓 표피상층은 폭이 2.5~6㎛인 원통상의 균사가 갓 표면과 평행하게 배열되어 있고 무색~담황색이며, 외피막은 다소 젤라틴질이며, 균사에 대부분 협구가 있다.

| 발생 시기 및 장소 | 봄~가을에 혼합림 내 잘 썩는 나무 위의 이끼류 사이에 산생~소수 군생한다.

| 식용 가능 여부 | 독버섯(맹독성)이다.

위장관 자극 중독을 일으키는

흑비늘송이

Tricholoma virgatum (Fr.) P. Kumm.

분류 담자균문(Basidiomycota) 주름버섯강(Agaricomycetes)
주름버섯목(Agaricales) 송이과(Tricholomataceae)
송이속(*Tricholoma*)

ㅎ

| 형태적 특징 | 갓은 34~76㎜로 원추형이나 성장하면 종형~편평하게 펴지고, 중앙 부위는 돌출되어 있다. 표면은 건성이며, 방사상으로 빗으로 빗은 것처럼 섬유상 선이 있고, 회색·짙은회색~흑색을 띤다. 조직은 얇으며 육질형이고, 회백색이다. 매운맛이 난다.
주름살은 홈주름살~끝붙은주름살이고, 약간 빽빽하며 백색이고, 주름살날은 분질이 있다. 대는 45~85×4~7㎜로, 원통형이며, 기부 쪽이 팽대하여 유구근형~유곤봉형이다. 표면은 백색이고, 종으로 섬유상 선이 있다.
포자문은 백색이고 포자는 5.8~7.4×4.4~5.3㎛로 타원형이며, 주름살날의 말단세포는 23.5~36.4×9.3~16.8㎛로 모양은 곤봉형~원통형으로 다양하다. 갓 표피상층은 평행형이며, 갈색색소가 있다.

| 발생 시기 및 장소 | 여름과 가을에 주로 침엽수림의 지상에서 발견되며, 드물게는 활엽수림의 지상에서도 발생한다. 단생으로서

❶ 갓 표면은 건성이며 머리를 빗은 것처럼 섬유상 선이 있음

소수 군생한다.

| 감별해야 할 식용버섯 | 송이버섯류(*T. sciodes*)는 갓과 주름살이 붉은색을 띠며 주름살날은 검은색으로 변하고, 매운맛이 없으며 주로 활엽수에서 발생한다는 점이 다르다. 송이버섯류 *T. bresadolianum*은 갓의 표면이 곱슬머리 모양의 인편(squamose)이 동심원상으로 나열되어 있으며, 대의 표면에도 곱슬머리 모양의 인편이 점점이 있다. 주로 활엽수림에 발생한다.

| 식용 가능 여부 | 준독성을 지닌다.

❷ 갓은 어릴 때는 원추형 ❸ 주름살은 홈주름살로 백색을 띰

위장관 자극 중독을 일으키는

흙무당버섯

Russula senecis S. Imai

분류 담자균문(Basidiomycota) 주름버섯강(Agaricomycetes) 무당버섯목(Russulales) 무당버섯과(Russulaceae) 무당버섯속(*Russula*)

| 형태적 특징 | 갓은 47~105㎜로 반구형이고 끝은 안쪽으로 굽어 있으며, 표면은 황토갈색을 띠고 평활하나 성숙하면 반반구형~중앙오목편평형으로 된다. 표면은 황토갈색의 표피층이 코스모스 꽃잎 모양으로 갈라지며, 그 사이에 담황토색의 조직이 나타나고, 주변부에는 돌기선이 있다. 조직은 냄새무당버섯과 같은 냄새가 나고, 약간 매운맛이 난다. 주름살은 떨어진주름살이며 약간 빽빽하고, 짧은주름살은 거의 없으며 황백색~어두운 황백색을 띠나, 후에 갈색으로 얼룩진다. 대는 42~78×8~14㎜로 원통형이며, 표면은 황토색~황토갈색 바탕에 갈색 또는 흑갈색의 작은 돌기가 밀포되어 있으며, 대의 속은 성장하면 해면질화된다.
포자문은 백색이고 포자는 7.2~8.9㎛로 구형이며, 완전한 또는 불완전한 대형의 날개 모양의 띠와 크고 작은 가시 모양의 돌기가 있으며, 멜저용액에서 띠와 돌기는 흑청색을 띠는 아밀로이드이다. 담자기는 4-포자형이며, 기부에 협구가 없다. 측시스티디아는 65~132×8.2~8.4㎛로 좁은 방추형이다.

❶❷❸ 어린 자실체. 황토갈색을 띠며 성냥개비 형태

| 발생 시기 및 장소 | 주로 여름과 가을에 혼합림 지상에서 발견된다.

| 식용 가능 여부 | 준독성이다.

❹ 코스모스 꽃잎 모양으로 갈라진 갓의 표피

❼ 갓 주변부의 홈선

위장관 자극 중독을 일으키는

흠집남빛젖버섯

Lactarius scrobiculatus (Scop.) Fr.

분류 담자균문(Basidiomycota) 주름버섯강(Agaricomycetes) 무당버섯목(Russulales) 무당버섯과(Russulaceae) 젖버섯속(*Lactarius*)

| 형태적 특징 | 갓은 55~145㎜로 중앙오목반구형~중앙오목반반구형이고, 점차 편평하게 펴지거나 끝이 반전되어 다소 깔때기형으로 된다. 표면은 평활하나 갓 주변 부위에는 부드러운 털이 밀포되어 있고 점차 평활하게 된다. 담황색 · 암황색~암황토색을 띠고 약간 짙은 색의 반점상 환문이 나타나며, 상처 시 황색~담갈색으로 변하고 갓 표피는 잘 벗겨지며, 습할 때는 점성이 현저하다. 조직은 담황백색이고 과일향이 난다. 유액은 맵고 다량이며, 백색이나 유황색으로 급변한다. KOH 용액에서 등황색으로 변한다. 주름살은 완전붙은주름살~짧은내린주름살이고 빽빽하며, 유백색~담황색이나 상처 시 암적갈색으로 변한다. 대는 30~65×6~25㎜로 원통형이고, 상하 굵기가 비슷하다. 표면은 평활하며, 유백색 · 담황백색~담황토색을 띠고 암황토색~황갈색의 곰보 모양 반점이 있다. 상처 시 담황갈색으로 변한다.
포자문은 밝은 황토색이며, 포자는 7.2~9×6.4~7.5㎛로 유구형~넓은 타원형이고, 표면은 가늘고 성근 망목이 있으며 아밀로이드이다. 담자기는 4-포자형이며 기부에 협구가 있다. 날시스티디아는 55.4~76.8×6.5~10.5㎛로 원통상곤봉형~방추형이며 드물게 산재해 있다. 갓 표피상층은 폭이 3~4.5㎛인 평행형 균사로 구성되어 있으며, 유액균사(lactifers)는 아주 많이 산재해 있다.

| 발생 시기 및 장소 | 주로 여름과 가을에 침엽수림의 지상에서 소수 군생하는데 매우 드물게 발견된다.

| 감별해야 할 식용버섯 |
배젖버섯

| 식용 가능 여부 |
독버섯이다.

ㅎ

위장관 자극 중독을 일으키는

흰갈대버섯

Chlorophyllum molybdites (G. Mey.) Massee.

분류 담자균문(Basidiomycota) 주름버섯강(Agaricomycetes)
주름버섯목(Agaricales) 주름버섯과(Agaricaceae)
갈대버섯속(*Chlorophyllum*)

| 형태적 특징 | 갓은 직경이 65~285㎜로 초기에 구형~종형이나 성장하면 중고반반구형~중고편평형으로 된다. 갓 표면은 건성이고 평활하며 짙은 갈색을 띠고, 성장하면 중앙 부위를 제외하고 불규칙하게 갈라져 크고 작은 인편이 산재해 있으며, 갈라진 사이는 백색을 띠고 섬유질~해면질이다. 조직은 두껍고 육질이며, 치밀하고 백색이나 성장하면 해면질로 되고 오백색을 띤다. 맛과 향기는 큰갓버섯과 거의 동일하며 부드럽다. 주름살은 대에 떨어진주름살이고 빽빽하며, 편복형이고 폭은 넓으며, 어릴 때에는 백색을 띠고 후에 녹색~회록색을 띠며, 상처 시 갈색으로 변하고, 주름살날은 다소 분질상이다. 대는 크기가 85~250×8~25㎜로 원통형이고 상하 굵기가 비슷하며, 기부는 팽대하여 구근상이다. 표면은 건성이고 평활하며, 어릴 때에는 백색을 띠나 성장하면 회갈색을 띠고, 섬유질이며 상부에 두꺼운 반지 모양의 가동성턱받이가 있고, 성장하면 속은 비어 있다.

포자는 크기가 7.6~11.7×5.7~7.8㎛로 광타원형~난형이고 평활하며, 포자벽은 두껍고 정단에 발아공이 있으며, 포자문은 녹색(건조 후에는 황토색을 띤다)을 띤다. 담자기는 곤봉형이고 4-포자형이며, 기부에 협구가 드물게 있다. 날시스티디아는 크기가 17.4~42.4×11.5~18.5㎛로 곤봉형~서양배형이고, 세포벽은 얇고 무색이다. 측시스티디아는 없다. 자실층 조직은 평행형이고 무색이며, 균사에 협구가 드물게 있다.

| 발생 시기 및 장소 | 봄~가을에 초지 목장 등 유기질이 많은 곳에 발생하며 희귀종의 버섯이다.

| 감별해야 할 식용버섯 | 큰갓버섯

| 식용 가능 여부 | 독버섯이다.

ㅎ

구형의 갓을 가진 어린 자실체(촬영 : 푸른별영상)

위장관 자극 중독을 일으키는

흰꼭지외대버섯

Entoloma album Hiroë

분류 담자균문(Basidiomycota) 주름버섯강(Agaricomycetes) 주름버섯목(Agaricales) 외대버섯과(Entolomataceae) 외대버섯속(*Entoloma*)

| 형태적 특징 | 갓은 10~45㎜로 원추형~원추상종형이나 성장하면 원추상반반구형이며, 중앙에 연필심 모양의 돌기가 있다. 습할 때 유백색~담황백색이고 반투명선이 나타나며, 건조하면 건변색 현상이 있고 거의 색은 변하지 않는다. 조직은 백색이다. 주름살은 완전붙은주름살~끝붙은주름살이며, 성글고 편복형이다. 폭은 넓고 백색을 띠나 성장하면 육색을 띤다. 대는 15~75×2~4㎜로 상하 굵기가 비슷하며 종종 뒤틀려 있고, 견사상 광택이 나며 유백색이고, 종으로 섬유상 선이 있으며 속은 비어 있다.

포자문은 육색이며, 포자는 9.1~11.4㎛로 4각형(6면체)이다. 담자기는 (2)4-포자형이고, 기부에 협구가 있다. 날시스티디아는 68.5~101.2×10.7~20.5㎛로 원통형~곤봉형이다. 측시스티디아는 없다. 자실층 조직은 평행형이다. 갓 표피상층은 평행균사로 되어 있으며, 젤라틴질이 없고, 종종 균사에 협구가 있다.

| 발생 시기 및 장소 | 주로 여름과 가을에 혼합림의 지상에서 소수 무리지어 발생하는데, 국내 대부분의 지역에서 발견된다. 흰꼭지

❶ 습할 때 갓 표면에 반투명선이 생김

❷ 자실체는 백색이고 연필심 모양의 돌기

외대버섯은 노란꼭지버섯과 모양과 크기가 비슷하나 갓과 대의 색이 유백색이란 점에서 다르다.

| 식용 가능 여부 | 독버섯이다.

❹ 분홍색의 포자와 주름살

ㅎ

❼ 공생하는 버섯으로 큰 바위 주변에 많이 발생

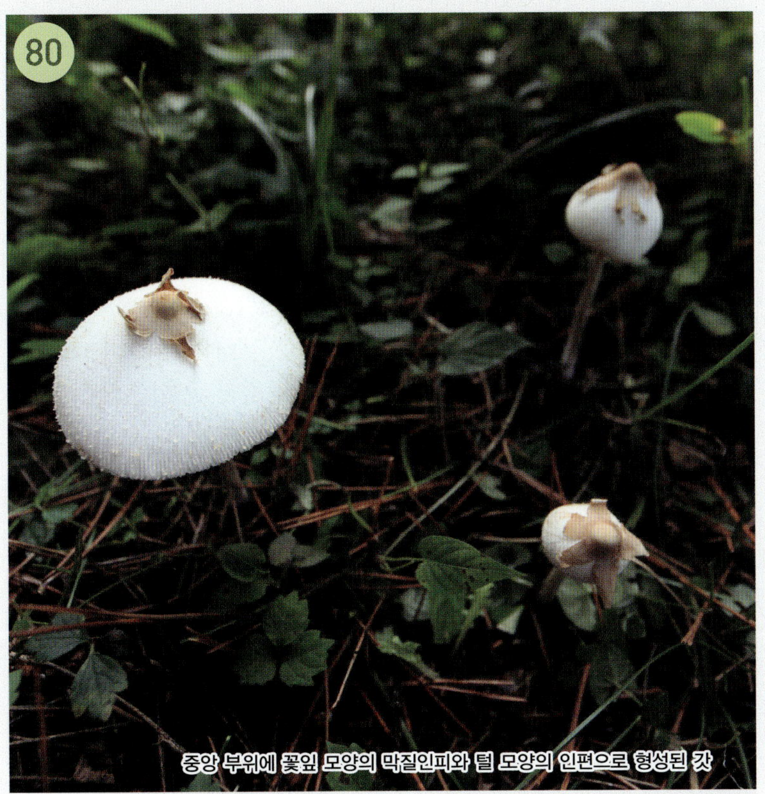
80

중앙 부위에 꽃잎 모양의 막질인피와 털 모양의 인편으로 형성된 갓

위장관 자극 중독을 일으키는

흰독큰갓버섯

Macrolepiota neomastoidea (Hongo) Hongo

분류 담자균문(Basidiomycota) 주름버섯강(Agaricomycetes) 주름버섯목(Agaricales) 주름버섯과(Agaricaceae) 큰갓버섯속(*Macrolepiota*)

ㅎ

| 형태적 특징 | 갓은 72~210㎜이고, 구형~반구형이나 성장하면 반반구형~중앙볼록편평형으로 된다. 표면은 건성이고 백색이며 섬유질상이다. 중앙 부위에 담황갈색의 대형의 막질이 꽃잎 모양으로 갈라져 있고, 작은 인편이 소수 산재해 있다. 조직의 중앙 부위는 약간 두꺼우며 육질형이고, 백색이나 상처 시 적색으로 변한다. 대 육질과 갓 육질 사이에 분명한 경계가 없다. 주름살은 떨어진주름살이고 빽빽하며 백색이다. 주름살날은 분질상이다. 대는 110~160×5~9㎜로 원통형이고, 기부는 팽대하여 구근상(30㎜)이다. 표면은 건성이고, 초기에는 유백색이나 점차 갈색이다. 평활하거나 다소 종으로 섬유질이 있다. 대의 속은 비어 있다. 턱받이는 반지형이며 가동성이다.

포자문은 백색이고, 포자는 7.2~9.3×5.3~6.2㎛로 난형~타원형이며 아주 작은 발아공이 있다. 날시스티디아는 20~45×10~25㎛이고 곤봉형이며, 세포벽은 얇고 다발성이다.

| 발생 시기 및 장소 | 가을에 밤나무 조림지나 목장 혹은 혼합림의

지상에서 발견된다.

| **감별해야 할 식용버섯** | 큰갓버섯과 구별이 필요하다. 식용버섯으로 유명한 큰갓버섯(*M. procera.*)과 유사하지만, 큰갓버섯은 갓의 중앙 부위에 담황갈색의 대형 막질의 인피가 없다. 또한 큰갓버섯의 조직은 상처 시에 색이 변하지 않으며, 갓의 조직과 대의 조직 사이에 분명한 경계가 없다는 점에서 쉽게 구별된다.

| **식용 가능 여부** | 독버섯이다.

❷ 백색 갓 위에 펼쳐진 작은 인편 ❸ 코스모스처럼 갈라진 모양
❹ 갓이 갈라지기 전의 자실체

❻ 요술지팡이처럼 보이는 어린 버섯

❼ 꽃잎 모양의 인피가 갓 전체에 펼쳐진 모양

무스카린 중독을 일으키는

흰땀버섯

Inocybe umbratica Quél.

분류 담자균문(Basidiomycota) 주름버섯강(Agaricomycetes) 주름버섯목(Agaricales) 땀버섯과(Inocybaceae) 땀버섯속(*Inocybe*)

| 형태적 특징 | 갓은 12~36㎜로 원추형~난형이나 후에 반반구형~편평형으로 되며, 중앙부가 돌출되어 있다. 표면은 건성이고, 초기에는 백색~옅은 황색이나 점차 베이지색~옅은 황토색으로 된다. 방사상으로 섬유질 선이 있으며, 갓 끝 부위에는 섬유상 인피가 있다. 조직은 백색이며 얇고 밤꽃 냄새가 난다. 주름살은 완전붙은주름살~끝붙은주름살이며, 약간 빽빽하고 베이지색이나 성장하면 올리브황토색이며, 주름살날은 백색의 분질상이다. 대는 23~55×2~6㎜로 원통형이고, 기부는 유구근상을 이루고, 종종 비틀려 있다. 백색이나 후에 베이지색~담황토색을 띠며, 전체에 백색의 분질이 있다. 성장하면 종종 속은 비어 있다.

포자문은 황토갈색이며, 포자는 6.5~9.3×4.8~6.4㎛로 다각형이고, 5~8개의 사마귀상 돌기가 있다. 담자기는 4-포자형이고, 기부에 협구가 있다. 날시스티디아는 30.1~51.6×9.1~17.6㎛로 방추형~호야형이고, 정단부에 크리스탈이 부착되어 있으며, 세포벽은 두껍(metuloid-cystidia)다. 사이에 무색이고, 세포벽이 얇은 곤봉형~소낭체의 말단세포가 무수히 있다. 측시스티디아는 날시스티디아와 모양과 크기가 유사하다. 갓 표피상층은 평행균사로 되어 있으며, 부분적으로 세포외벽에 미세한 물질이 부착되어 있고, 균사에 협구가 있다.

ㅎ

| 발생 시기 및 장소 | 여름과 가을에 침엽수림 또는 혼합림 지상 또는 도로변에 산재해 있거나 소수 군생으로 발생한다.

| 식용 가능 여부 | 독버섯이다.

❸ 갓 위에 생긴 방사상의 섬유질상 선 ❹ 끝붙은주름살 ❺ 성장한 편평형의 갓

❻ 기부가 유구근상인 대

성장하면 갓은 황갈색을 띰

위장관 자극 중독을 일으키는

흰무당버섯아재비

Russula japonica Hongo

분류 담자균문(Basidiomycota) 주름버섯강(Agaricomycetes) 무당버섯목(Russulales) 무당버섯과(Russulaceae) 무당버섯속(*Russula*)

| 형태적 특징 | 갓은 크기가 55~180㎜로 초기에는 중앙오목반반구형이나 성장하면 중앙 부위가 움푹하게 들어가 깔때기형으로 된다. 갓 끝은 상당 기간 안쪽으로 말려 있다. 표면은 건성이며 평활하거나 분질상이고, 초기에는 백색이나 후에 오백색~오황색 · 오갈색을 띤다. 조직은 두껍고 견고하며 백색을 띤다. 냄새는 불분명하며 맛은 부드럽다.

주름살은 초기에는 대에 떨어진주름살이나 성장하면 갓 끝이 올라가 내린주름살형이 되며 빽빽하다. 주름살 폭은 4㎜로 좁으며, 초기에는 백색이나 점차 크림색~황토색으로 된다. 짧은 주름살은 1~3가지형이다.

대는 크기가 30~65×7~22㎜로 원통형이고, 상하 굵기가 비슷하거나 하부 쪽이 다소 가늘다. 표면은 평활하거나 약간 주름이 있고, 백색이나 다소 오갈색으로 얼룩진다. 속은 중실이나 성장 후에 해면질로 된다.

❶ 오목반반구형의 백색 갓

포자는 크기가 6~7.5×4.5~6㎛로 유구형이고, 표면은 미세한 돌기가 있고 불규칙한 망목상이며, 멜저용액에 돌기와 망목은 청변한다. 포자문은 크림색~황토색이다. 담자기는 크기가 30.6~38.3×8.5~10.5㎛로 곤봉형이며 4-포자형이고, 기부에 협구가 있다. 날시스티디아는 35.5~58.5×9.2~10.5㎛로 원주상방추형~긴곤봉형이고 정단부가 가늘고 짧은 소돌기가 있다. 측시스티디아는 날시스티디아와 모양과 크기가 유사하다.

| 발생 시기 및 장소 | 여름~가을에 활엽수림 또는 혼합림(활엽수+침엽수) 내 지상에 무리지어 발생하는 외생균근균이다. 종종 균륜을 이룬다. 국내에서 발생빈도가 드물지 않다.

| 감별해야 할 식용버섯 |

흰무당버섯(*Russula delica*)과 구별해야 한다.

| 식용 가능 여부 | 밝혀지지 않았다.

❷ 흰색 포자를 가지고 있는 주름살. 성장하면 내린주름살형이 됨

④

아마톡신 중독을 일으키는

흰알광대버섯

Amanita verna (Bull.) Lam.

분류 담자균문(Basidiomycota) 주름버섯강(Agaricomycetes) 주름버섯목(Agaricales) 광대버섯과(Amanitaceae) 광대버섯속(*Amanita*)

| 형태적 특징 | 자실체는 초기에 백색의 외피막으로 싸여 있어 난형이나 상단 부위가 갈라지면서 대와 갓이 나타난다. 갓은 35~85㎜로 난형~반구형이나 성장하면 반반구형~중고편평형으로 된다. 표면은 평활하고 습할 때 점성이 있으며, 백색이나 종종 중앙부위가 옅은 황색을 띤다. 조직은 육질형이고 얇으며 백색이다. 주름살은 떨어진주름살이며 빽빽하고, 주름살날은 평활하거나 다소 분질상이다. 대는 65~125×6~16㎜로 원통형이고, 대의 기부는 구근상이다. 표면은 백색을 띠며 거의 평활하나 미세한 섬유상 인피가 있다. 턱받이는 백색이고 막질형이다. 대주머니는 얇은 막질이다. 자실체는 수산화칼륨(KOH) 용액에서 변색되지 않는다.

포자문은 백색이고, 포자는 7.8~10.1×6.1~8.3㎛로 광타원형~타원형이며, 아밀로이드이다. 날시스티디아는 14.5~20.4×11.7~14.8㎛로 유구형·타원형이며 세포벽은 두껍다. 측시스티디아는 없다. 갓 표피상층은 평행균사로 구성되어 있으며, 젤라틴질 층이 잘 발달되었다.

❶ 어린 버섯의 갓과 대 ❸ 갓이 핀 형태

| 발생 시기 및 장소 | 국내 전역에 분포하며 초여름에 침엽수와 활엽수림 내 지상에 단생하고, 드물게 발생한다.

| 감별해야 할 식용버섯 | 흰달걀버섯과 민간에서 부르는 갓버섯(현재는 한국명이 큰갓버섯)과 구분해야 된다.

| 식용 가능 여부 | 독버섯(맹독성). 버섯 1~3개(50g)가 치명적인 용량의 아마톡신을 함유하고 있다.

❹ 활짝 핀 자실체 모양

❺ 주름살과 턱받이 ❻ 건조해서 불완전하게 떨어진 턱받이

아마톡신 중독을 일으키는

흰오뚜기광대버섯

Amanita castanopsidis Hongo

분류 담자균문(Basidiomycota) 주름버섯강(Agaricomycetes)
주름버섯목(Agaricales) 광대버섯과(Amanitaceae)
광대버섯속(*Amanita*)

| 형태적 특징 | 갓은 크기가 35~70㎜로 초기에는 반구형이나 성장하면 반반구형~편평형으로 되며, 갓의 끝 부위는 초기에 백색의 내피막으로 싸여 있으나 성장하면 갓 끝에 내피막 잔유물이 면모상으로 부착되어 있다. 표면에는 백색의 외피막이 피라미드상~사마귀상으로 남아 있으며, 중앙 부위는 더욱 크고 끝 부위 쪽으로 작으며, 성장하면 다소 옅은 회갈색~옅은 황갈색을 띠며 탈락성이고, 갓 전체는 백색이며 건성이다. 조직은 두께가 4~6㎜이며 비교적 두껍고 육질형이며, 백색이고 변색하지 않으며, 냄새는 다소 불쾌하고 맛은 비교적 부드럽다. 주름살은 14×4.5㎜이고 대에 떨어진주름살이며, 다소 빽빽하고 초기에는 백색이나 점차 황백색으로 되며, 주름살날에는 분질상이 있다.

대는 크기가 45~80×8~15㎜이고 상부 쪽이 가늘며, 대 기부는 팽대하여 구근상(약 18㎜)을 이루고 아래쪽은 가늘어져 위뿌리상을 이룬다. 전체는 곤봉형 또는 방추형이다. 표면은 건성이며, 상부 쪽은 분질상~섬모상이고, 기부 쪽은 섬유상~사마귀상의 인편이

❶ 성숙한 자실체(좌)와 어린 자실체(우)

있으며, 전체가 백색이다. 내피막은 막질상~섬유상으로 드물게는 턱받이를 형성하나 쉽게 소실된다.

포자문은 백색이며, 포자는 크기가 8.5~12×5~7㎛이고 타원형이며, 평활하고 얇으며, 멜저용액에서 아밀로이드이다. 담자기의 크기는 40~55×9~12㎛로 4-포자형이다. 측시스티디아는 28~33.5×11~17㎛이고, 곤봉형이나 상부 쪽에 긴 목이 있다. 날시스티디아는 23.8~33.5×11~17㎛이고, 서양배 또는 표주박형의 말단세포가 원통형의 균사 또는 다소 팽대한 균사의 끝에 있거나 협구상으로 연결되어 있다. 균사에는 협구가 있다.

| 발생 시기 및 장소 | 여름에 숲속 토양에 산생 또는 소수 군생한다.

| 감별해야 할 식용버섯 | 수원 등 일부 지역에서 '닭다리버섯'이라 해서 식용하고 있는 흰가시광대버섯과 구분해야 한다. 흰가시광대버섯도 요리를 해서 먹을 경우 입안이 가시에 찔린 것과 같은 통증이 있으므로 먹지 않는 것이 좋다.

| 식용 가능 여부 | 독버섯(맹독성)이다.

❷ 어린 자실체

85
파리를 유인해서 포자를 날리는 모습

위장관 자극 중독을 일으키는

흰오징어버섯

Aseroë arachnoides E. Fisch.

ㅎ

분류 담자균문(Basidiomycota) 주름버섯강(Agaricomycetes) 말뚝버섯목(Phallales) 말뚝버섯과(Phallaceae) 오징어버섯속(*Aseroë*)

| 형태적 특징 | 자실체는 초기 지중생~지상생이며 백색의 구형~유구형 · 난형(지름 10~16㎜)이고, 유백색~분홍색을 띤 담황토색의 막질의 외피막(exoperidium)으로 싸여 있고, 기부에 백색 균사속이 있으며, 매트상의 두꺼운 균사괴를 형성한다. 성장하면 윗부분이 갈라지고 대가 나타나며, 상부에 자실탁은 직립상이다. 자실탁은 6~16개의 자실탁지로 되어 있으며, 계속 성장하면 방사상으로 수평으로 펼쳐진다. 대는 크기가 25~58×11~24㎜로 백색 원통형이고 1~2층의 포말상 소실로 되어 있는 위유조직이며, 속은 비어 있다. 자실탁지는 6~16개로 백색이고 끝은 가늘고 뾰족하고, 내부는 관상형의 소실이 단층으로 되어 있으며 횡으로 주름이 접혀 있고, 속은 비어 있다. 기본체는 자실탁지 기부 부위의 안쪽에 점액상이고 암록갈색으로 포자덩어리를 형성하며 고약한 냄새가 난다. 포자는 크기가 3~4.5×2~2.5㎛로 원통상타원형이고 얇으며 무색이고 비아밀로이드이다. 담자기는 크기가 18~24×4.5~6㎛로 원통상곤봉형이고 4-포자형이며 기부에 협구가 있다. 자실탁은 구형세포로 구성되어 있다.

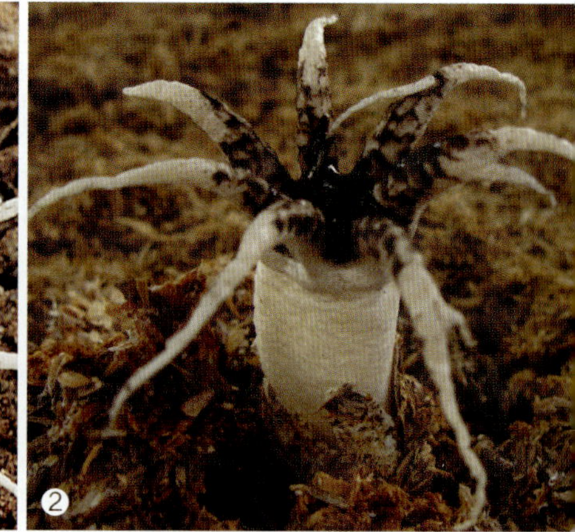

❶ 6~16개로 갈라지는 자실탁지

| 발생 시기 및 장소 | 초여름~가을에 정원이나 목장 부식질이 풍부한 곳 또는 목재파편상에 군생~균륜을 이루며 발생하는 부후균이다.

| 식용 가능 여부 | 독버섯이다.

❸ 알에 쌓인 포자와 자실탁 ❹ 자실탁지를 벌리기 전에는 포자 냄새 없음

ㅎ

❺ 냄새나는 점액과 함께 싸인 포자

❽ 방사상으로 펼쳐지는 6~16개 정도의 자실탁지

흰

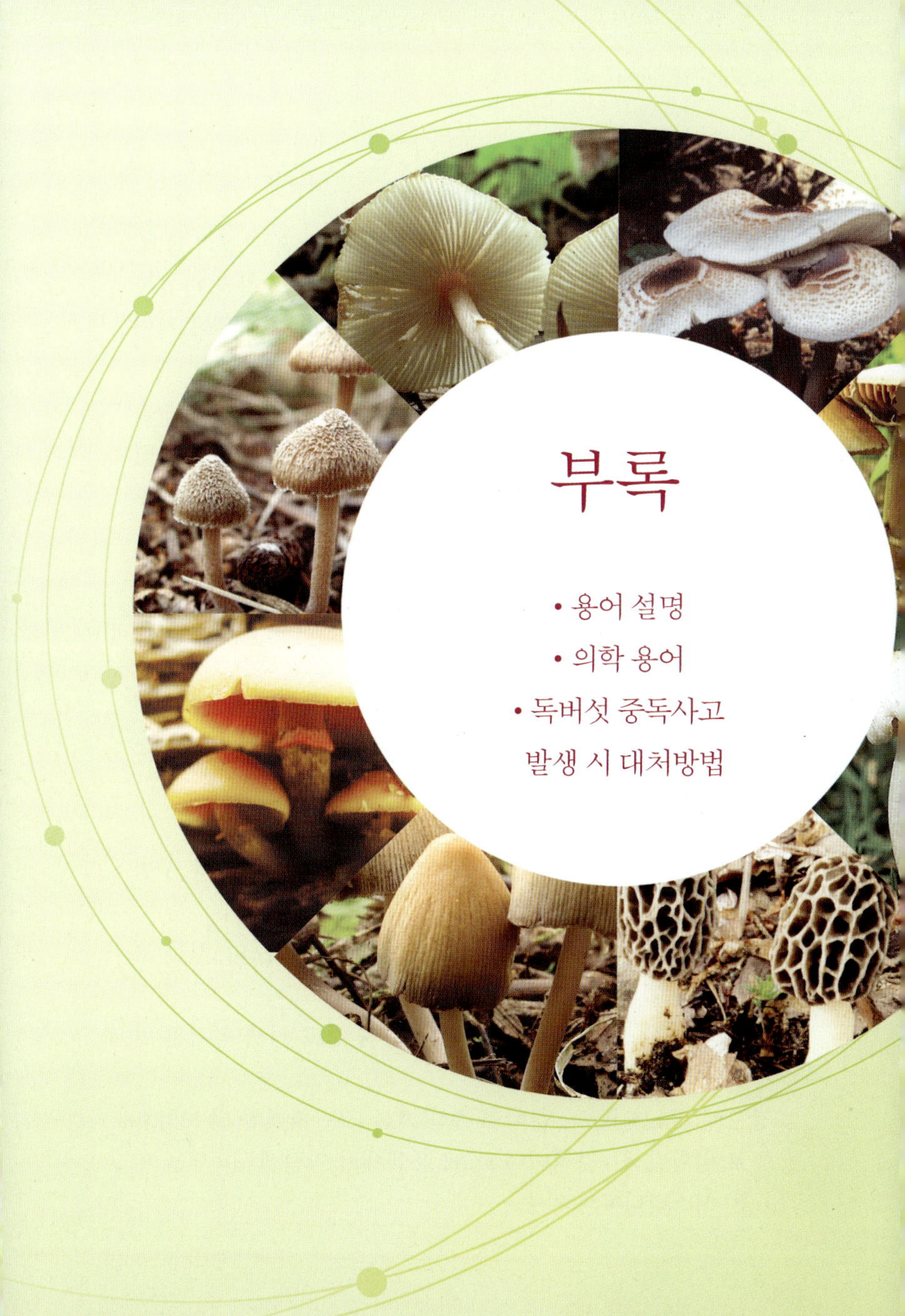

부록

- 용어 설명
- 의학 용어
- 독버섯 중독사고 발생 시 대처방법

용어 설명

각정(혹상돌기, umbo) : 갓의 중앙 부위에 있는 혹 모양의 돌기

각피(殼皮, 表皮層, cuticle pileipellis) : 갓이나 대의 가장 바깥쪽의 외피층으로서 육안적인 관찰에 의한 특징의 용어 개념(pileipellis 참조)

갈빗살형(갈비살형, 兩側形, 左右同形, bilateral, divergent) : 주름살을 위에서 아래로 직각으로 잘라서 현미경으로 관찰하면 자실층의 균사조직이 중앙의 평행균사에서 양 바깥쪽으로 일정한 간격으로 비스듬히 나열된 상태

갈색부후균(褐色腐朽菌, brown rotting fungi) : 목질부후균으로서 주로 목질의 셀룰로스를 분해하여 목질부를 점차 갈색으로 변화시키는 균

갓(균모, pileus, cap) : 버섯류(주로 주름버섯목과 그물버섯류)에서 대 위에 형성되는 모자 모양의 것으로 포자를 형성하는 자실층을 지지하거나 보호함

갓 끝(pileal margin) : 갓의 가장자리

갓시스티디아(pileocystidia) : 시스티디아를 위치에 따라 구별할 때 갓 표면에 나타난 것

강모(剛毛, hispid) : 갓 또는 대의 표면에 길고 곧으며, 강한 모가 덮여 있는 것

강모의(剛毛一, strigose) : 돼지털 모양의 길고 억세며 거친 털을 가지고 있는 것

강모체(剛毛體, seta) : 끝이 뾰족한 작살 또는 빳빳한 털 모양으로 암황갈색~갈색이나 KOH 용액에서 암갈색~흑색을 띠는 시스티디아의 일종

강모형(剛毛形, setiform) : 창 모양 또는 원추형으로 끝이 뾰족하고 세포벽이 두꺼운 것(시스티디아)

거미집형(皮膜, cortina) : 내피막이 섬유질 또는 거미집 모양의 섬유질형인 것

건변색현상(hygrophanous) : 버섯류의 갓 표면이 수분을 잃으면 옅은 색으로 퇴색되는 것, 종종 짙은 색과 옅은 색의 확실한 경계가 나타난다(예: 말똥버섯류).

곤봉형(棍棒形, clavate) : 대 또는 시스티디아의 모양이 한쪽으로만 굵어져 곤봉 모양을 이루는 것

골격균사(骨格菌絲, skeletal hyphae) : 세포벽은 두껍고 분지가 없거나 적으며 격막이 없고 비교적 곧으며 약간의 유연성이 있는 균사

공생(共生, mycorrhizae) : 수목이나 식물의 뿌리에 기생하여 상호 도움을 주면서 살아가는 것

과립(顆粒, 米粒, granule) : 매우 작고 미세한 입자, 미립자

과립상(顆粒狀, 米粒狀, granulose) : 갓이나 대의 표면에 작은 또는 미세한 과립(미립)으로 덮여 있는 상태

관공(管孔, tube) : 갓의 하면에 포자 형성기관이 주름살 대신 관공 모양으로 되어 있음(일부 민주름버섯목 그물버섯 등)

괴근상(塊根狀, bulbous) : 대의 기부가 팽대되어 양파 모양으로 된 것

구형(求形, globose, spherical) : 갓이나 자실체 또는 포자가 공 모양으로 둥근 것

군생(群生, gregarious) : 버섯이 한 장소에서 무리지어 발생하는 것

굴곡(屈曲, flexuous) : 길고 구불구불하게 앞뒤 또는 좌우로 굴

곡이 있는 것으로 버섯류 자실체의 대 또는 시스티디아 등의 모양을 표현할 때 사용함

굽은원통형(flexuose) : 원통형이나 굽어있는 형

균륜(菌輪, fairyring) : 버섯이 매년 중심부에서 차차 바깥쪽으로 동심원을 형성하면서 발생하는 것

균사(菌絲, hyphae) : 영양생장기관으로 가늘며 긴 실 모양의 기관

균사다발(菌絲多發, hyphal peg) : 자실층으로부터 유래된 균사가 다발로 뭉쳐 있는 것

균사벽(hyphal walls) : 균사의 세포벽

균사조직(菌絲組織, 菌絲層, trama) : 버섯의 자실체를 이루고 있는 불임성의 균사조직으로서 근본적으로 원통형의 균사로 구성되어 있으며 격막(septa)에 의해서 세포가 나누어진다. 현미경적 개념의 용어(조직, 육질을 참조)

균사조직(菌絲組織, plectenchyma) : 균사가 균사분지와 반복한 균사결합이나 균사분화에 의하여 이루어진 조직. 자낭균문 또는 담자균문의 자실체, 균사속 또는 균핵 등은 균사가 이와 같은 방법으로 분화하여 형성되었으며, 이형균사조직(paraplectenchyma)과 섬유균사조직(prosoplectenchyma)으로 대별한다. 후자는 방추조직(prosenchyma)이라고도 하며, 비교적 가늘고 길며 서로 평행한 균사세포로 되어 있는 것이고, 전자는 광의로 위유조직(pseudoparenchyma)이라고도 하며, 균사의 각 세포가 짧고 굵으며, 유구형 또는 다각형으로 분화하여 이루어진 것

균핵(菌核, sclerotium) : 균사 상호 간에 엉키고 밀착되어 있는 균사조직으로, 불리한 환경에서도 저항성을 가지는 일종의

휴면 기관

기본체(基本體, gleba) : 자실체 내부에서 포자를 형성하는 기본조직으로서 복균류에서 볼 수 있음

기주 특이성(寄主特異性, host specificity) : 주어진 기생균이 제한된 기주에만 공생, 부생 전염 또는 병원성을 가지는 것

기주(寄主, host) : 버섯이 발생할 수 있는 기질로서 식물, 동물 등이다.

기준(基準, 標準形, 原形, type) : 명명법에서 학명의 합법적 출판의 조건을 충족시키는 기본이 되는 또는 근간이 된다고 생각되는 기술내용(descriptive matter)에 대한 기준 또는 요소[예: 과(a family)의 기준 속(type genus)]

긴타원형(長橢圓形, oblong) : 타원형보다 긴 것 또는 장방형

깃(collar) : 대의 상단부위에 둘러져 있는 반지 모양의 구조, 즉 주름살이 대까지 이어지지 않고 대 주위에 일정한 거리에서 끝나 고리 모양을 이룬 것

깔때기형(漏頭形, infundibuliform, funnel-shaped) : 갓의 가운데가 깊게 들어가 깔때기 모양으로 된 것

끝반전형(reflexed) : 갓의 끝이 위로 반전되어 있는 것

난형(卵形, ovoid) : 포자 또는 어린 자실체가 달걀 모양을 이룬 것

날시스티디아(cheilocystidia) : 시스티디아를 위치에 따라 구별할 때 주름살(관공)의 끝 부위에 나타난 것

낭상체(囊狀體, cystidium, cystidia) : 시스티디아 참조

높이(높이길이, length) : 기부와 상단 사이에서 가장 긴 길이(포자, 시스티디아, 대 등의 길이)

다년생(多年生, perennial) : 자실체가 다년간에 걸쳐 생육하는 것

다발생(多發生, fasclculate) : 자실체가 다발(bundle)로 발생하는 것

단생(單生, solitary) : 버섯이 하나씩 발생하는 것

담자균(擔子菌, basidiomycetes) : 고등균류 중 완전세대를 거친 담자포자를 담자기에 형성하는 균의 총칭

담자기(擔子器, basidium) : 담자균류 중에서 핵 융합과 감수분열을 하고, 그 후에 담자포자를 외생으로 형성하는 곤봉 모양의 미세구조를 말하며, 이러한 담자기는 1개의 실로 되어 있는 단실담자기(holobasidium)와 4개의 실로 구분되는 다실담자기(phragmobasidium)가 있다. 다실담자기는 핵융합이 일어나는 전담자기(前擔子器, probasidium)와 감수분열이 일어나는 후담자기(後擔子器, metabasidium), 그리고 후담자기에서 신장하여 나와 있는 긴 뿔 모양 또는 긴 자루 모양의 상담자기(上擔子器, epibasidium)로 구별되어 있다. 또한 가로 격막에 의해 나뉘어 4실이 된 직열 4실담자기(목이목, Auriculariales), 세로 격막에 의하여 나뉜 4실이 평행인 병렬(평행) 4실담자기(흰목이목, Tremellales)와 포크 모양으로 분지된 2실담자기(붉은목이목, Dacryomycetales)로 구별된다.

담자뿔(小瓶, 莖刺, sterigmata) : 담자기의 상단에 형성되는 뿔 모양의 돌기로 대부분 4개 또는 2개씩 형성되며, 그 위에 담자포자를 하나씩 형성함

담자포자(擔子胞子, basidiospore) : 담자균류의 담자기내에서 감수분열한 후 담자기 외부에 형성되는 포자

대시스티디아(caulocystidia) : 시스티디아를 위치에 따라 구별할 때 대 표면에 나타난 것

대주머니(volva) : 버섯(자실체)이 점차 생장에 따라 어린 버섯

을 싸고 있던 외피막의 상단 부위는 갈라져 갓과 대가 자라고 외피막의 아래 부위는 대 기부에 부착되어 막질의 주머니를 형성하는 것

대표피상층(stipitipellis) : 대 표면의 피층(cortical layer)

돌기선(突起線, tubercula-striate) : 갓 표면의 선 위에 돌기가 형성되는 것

두상(유두상, 頭狀, capitate) : 정단 부위가 둥굴고 구형~유구형인 것(주로 시스티디아)

둔거치형(무딘톱니꼴, 조개껍질형, 鈍鋸齒形, crenate) : 조개껍질형 참조

띠(턱받이, annulus, ring) : 턱받이 참조

램프형(호야형, 조롱박형, lageniform) : 램프 모양의, 조롱박 모양의 형태

레몬형(citriform) : 레몬 모양의 형태

막질(膜質, membranous) : 얇은 막으로 형성된 것

망목상(網木狀, reticulate) : 갓이나 대 또는 포자 표면에 나타나는 그물 모양의 구조

머리(fertile part) : 동충하초의 자실체 중 자낭각이 분포하는 상단 부분

멜저용액(Melzer's solution) : 요오드화칼륨(포타슘아이오다이드, potassium iodide) 1.5g, 요오드(iodine) 0.05g과 클로랄하이드레이트(chloral hydrate, $C_2H_3Cl_3O_2$) 20g을 증류수 20mL에 용해시켜서 만든다.

면모상(綿毛狀, 羊毛狀, flocci) : 버섯류의 자실체 갓 또는 대의 표면에 나타난 균사가 솜털(면모상) 또는 양털 모양인 것. 면 플란넬을 닮은 것

면모상의(綿毛狀一, floccose) : 면모상을 가지고 있는, 면플란넬(cotton flannel)을 닮은

목질(木質, woody) : 자실층의 육질이 나무의 조직처럼 단단한 상태로 되어 있는 것

무색(無色, 透明한, hyaline) : 포자나 균사를 현미경으로 관찰할 때 특별한 색이 없는 것

반구형(半球形, hemiglobose, hemispherical) : 갓이 공을 반으로 잘라 엎어 놓은 모양을 한 것

반반구형(半半球形, convex) : 갓이 활 또는 만두 모양으로 둥그스름하게 형성된 모양을 말하며, 폭이 높이보다 긴 상태

반점(반점, 얼룩, mottle) : 성장하면서 갓 또는 대의 표면이 불규칙적으로 갈라져 점 모양 또는 얼룩 모양을 이루는 것

발아공(發芽孔, germ pore) : 포자의 정단에 있는 작은 구멍

방사상(放射狀, radial) : 중심에서 바깥쪽으로 우산살 모양으로 뻗은 모양

방추형(放錘形, fusiform) : 포자나 시스티디아의 양끝이 좁아져 럭비공 모양을 한 것

복숭아씨형(扁桃核形, amygdaliform) : 포자 모양이 복숭아씨처럼 생긴 형태

부채주름(plicate) : 갓의 표면에 방사상으로 나타나는 주름(rugose)으로서 마치 부채꼴 모양인 것

분말(밀가루, 녹말, farinaceous) : 냄새나 맛이 생밀가루와 같은 것

분말의(밀가루의, 粉末의, farinose) : 표면이 밀가루와 같은 분질물로 덮여 있는 것

분질상(pulverulent) : 표면에 피복되어 있는 밀가루와 같은 분질(cf. 백분진: pruinose)

비아밀로이드(nonamyloid) : 멜저용액에서 버섯의 균사나 포자 등이 담황색 또는 투명하게 나타나는 것

사마귀상(verrucose) : 갓, 대 또는 포자의 표면에 사마귀 모양의 돌기가 있는 것

사마귀점(verrucose) : 뭉툭하고 둥근 돌기 또는 사마귀 모양의 돌기(cf. 과립상: granulose)

사물기생(死物寄生, saprophyte) : 균이 죽은 기질을 분해하여 영양분을 섭취하며 살아가는 상태

사슬형(連鎖形, catenate) : 연쇄형 참조

산호형(珊瑚形, Coral shape, coralloid) : 자실체가 하나의 짧은 대에서 계속 작은 분지로 나뉘어져 산호 모양을 이루는 형태

서양배형(pyriform) : 서양배 모양인 것

선(샘, 腺, glandula) : 샘, 선

선(線, striate) : 갓과 대의 표면에 방사상 또는 세로로 형성되는 줄

섬모(纖毛, fimbriate) : 갓이나 주름살의 가장자리(끝 부위)에 미세한 분질 또는 술이 있는 상태

섬유상(실 모양, 纖維狀, 絲狀, 線形, filiform) : 실처럼 가늘고 긴 것, 실 모양의

섬유질 인피(纖維質鱗被, fibrillose-scaly) : 섬유질로 구성된 인피

섬유질(纖維質, fibril) : 갓 또는 대의 표면에 나타나는 가는 실 같은 섬유질

섬유질의(纖維質一, fibrillose) : 섬유질로 덮여 있는

소병(경자, 담자뿔, 小甁, sterigmata) : 담자뿔 참조

속생(束生, 多發生, fasciculate) : 다발생 참조

시스티디아(cystidium, cystidia) : 담자균류의 자실체(갓, 대, 자

실층 등) 표면에 나타나는 불임성, 다양한 모양의 말단세포

신장형(콩팥형, 잠두형, reniform) : 갓 또는 포자가 신장 모양인 것

실 모양(선형, 섬유상, 사상, filiform) : 섬유상 참조

아몬드형(복숭아씨, 扁桃核形, amygdaliform) : 복숭아씨형 참조

아밀로이드(amyloid) : 멜저용액에서 버섯의 균사나 포자 등이 청색~흑청색으로 변하는 반응

연골질(염주형, moniliform) : 대의 조직이 단단하여 부러질 때 딱 소리가 나는 것

염주형(moniliform) : 균사나 시스티디아가 일정한 간격으로 수축하여 마치 염주 또는 진주목걸이형인 것

오뚜기형(utriform) : 오뚜기 모양으로 위쪽의 폭이 기부보다 1/2 이상 되는 것

원추형(圓錐形, conic) : 갓의 중앙 부위가 뾰족한 고깔 모양이며, 높이가 폭보다 긴 모양

원통형(圓筒形, cylindric) : 대나 포자의 모양이 같은 굵기로 원통을 이룬 것

유구(소개공, 有口, ostiole) : 자낭과에서 목과 같은 구조로, 말단부에는 구멍이 있음

유구형(類球形, subspherical, subglobose) : 포자나 시스티디아 등의 모양이 한쪽으로 약간 길거나 짧은 구형

유액(lactifers) : 자실체 또는 자실층에 격막이 없고 일반 균사보다 굵은 균사로서 유액을 전달하는 특수균사

유액균사(乳液菌絲, lactiferous hyphae) : 유액을 전달하는 균사로서 자실체 또는 자실층의 조직 중에 격막이 없고 일반 균사보다 굵은 특수균사

육질(肉質, 組織, flesh, context) : 조직 참조

인피(鱗皮, scaly) : 대 또는 갓 표면에 손거스러미 모양으로 끝이 뾰족하거나 뭉툭하게 갈라진 것

일년생(一年生, annual) : 자실체가 1년 내에 생장을 완성하는 것

임성(fertile) : 포자를 형성하는(반의어 : 불임성, sterile)

자낭(子囊, ascus) : 자낭균류의 특징으로, 보통 핵융합과 감수분열을 거쳐 형성되는 일정한 숫자의 자낭포자(보통 8개)를 포함하는 주머니 모양의 세포

자낭각(子囊殼, perithecium) : 자낭버섯 자실체 내부에 자낭을 형성하는 자실층(hymenium) 주변을 둘러싸고 있는 주발 모양의 내부 공간을 갖는 부분. 자낭균류 중에서 핵균강 충생자낭균강의 자낭과로 모양은 구형 · 난형 · 서양배형이며, 명료한 각벽이 있고, 안쪽(내쪽)의 강실에 자실층을 형성하며, 성숙한 자낭포자는 자낭각의 돌출부 선단의 공구(ostiole)를 통해 빠져나간다. 자낭각은 단독으로 생성하거나 자좌의 위나 자좌 내에 형성(동충하초는 곤봉형자좌의 표면 균사조직 내에 자낭각이 형성된다)

자낭균강(子囊菌綱, ascomycetes) : 유성생식 포자로서, 일정한 숫자의 자낭포자를 자낭 내에 형성하는 균류

자낭포자(子囊胞子, ascospore) : 감수분열에 의하여 자낭 내에 형성되는 자낭균류의 유성생식 포자

자루(柄, stipe) : 자실체의 줄기에 해당되는 부위로, 머리를 받쳐 지탱해 주는 부분

자실체(子實體, fruting body, carpophore) : 버섯의 갓, 주름살, 관공, 대 등 전체를 말함

자실층(子實層, hymenium) : 포자를 형성하는 담자기나 자낭이 있는 부위(주름살, 관공, 침상돌기)

자실층사(子實層絲, hymenophoral trama) : 버섯의 자실층 내부의 균사층

점질(粘質, 粘液, mucilaginous) : 점착성(점성)물질로 구성되어 있는 것

정단(頂端, apical) : 끝에, 끝쪽으로

제1균사형(第1菌絲形, monomitic) : 일반 균사 한 종류만으로 구성된 균사

제2균사형(第2菌絲形, dimitic) : 일반 균사와 골격균사 또는 일반 균사와 결합균사 2종류의 균사로 구성된 것

제3균사형(第3菌絲形, trimitic) : 일반 균사, 결합균사 그리고 골격균사로 구성되어 있는 것

젤라틴질(gelatinous) : 세포벽이 물속에서 점점 팽대해지며, 부드럽고 전부 또는 부분적으로 녹아 점액질(점액질화)로 된 것

조개형(conchate) : 버섯의 형태가 대합조개나 굴 모양인 것

조락(殂落, 消失, fugacious) : 빨리(쉽게) 탈락(소실)하는 것

조직(組織, 肉質, flesh, context) : 버섯 자실체의 각피 아래의 조직을 구성하고 있는 불임성 세포의 집합체로서 유안적 개념의 용어(균사조직, trama 참조)

종형(鐘形, campanulate) : 갓이 종 모양으로 될 것

주름살(아가미, 菌褶, gill, lamella) : 버섯류에서 갓의 하면에 방사상으로 배열된 날개나 엽신 모양의 구조 또는 물고기 아가미 모양의 판으로서 포자 형성

주변의(말초의, periphery) : 주변의, 말초의

중앙볼록(각정, 혹상돌기, 배꼽돌기, umbo) : 각정 참조

체형(體形, 體質, habitus) : 일반적인 모양, 형상

총생(叢生, caespitose 또는 cespitose) : 자실체의 대 기부가 근접

하여 매우 치밀하고 수북하게 발생하는 것

측시스티디아(pleurocystidia) : 시스티디아를 위치에 따라 구별할 때 주름살(관공)의 측면에 나타난 것

타원형(橢圓形, ellipsoid) : 포자 또는 시스티디아의 모양이 타원상인 것

탁실균사(托室菌絲, capillitium) : 포자낭 내에 있는 사상형 관공 또는 균사(말불버섯류)

턱받이(띠, annulus, ring) : 대와 갓이 성장하면 내피막의 일부가 대에 남아 막질의 반지 모양을 이루는 것(annulate : 턱받이를 가진 또는 턱받이가 있는)

투명한(無色, 透明한, hyaline) : 무색 참조

파상형(주름상, undate) : 갓 끝이나 주름살날이 파도상으로 주름진 상태

파상형(波狀形, undulate) : 갓의 끝이나 주름살, 자실체가 불규칙한 파도 모양으로 형성된 것

편복형(ventricose) : 주름살 또는 시스티디아가 심실 모양으로 한쪽 면이 더 볼록한 것

편심형(偏心形, excentric) : 대가 갓의 중앙 부위에서 약간 벗어난 위치에 있는 것

평활(平滑, 無毛, glabrous, smooth) : 평편하고 미끄러운

포자(胞子, spore) : 균류나 식물에서 무성생식의 수단으로서 형성하는 생식세포나 배우자와는 다르며, 단독으로 신개체(새로운 세대)가 될 수 있는 포자 또는 포자체를 형성하여 생식을 하는 세대. 포자는 진정포자와 영양포자로 구분되며, 진정포자는 감수분열에 의하여 반수핵상(haploid)으로 되는 유성생식(감수분열)이고, 영양포자는 체세포가 분열하여 생

기는 후막포자 또는 후벽포자, 분생자, 동포자, 녹포자 등이 있다. 또한 포자의 형성방법에 따라 내생포자, 외생포자로 구별하고, 동형포자, 이형포자, 포자의 모양에 따라 절포자, 아상포자, 사상포자, 세포상포자(primospore), 주상포자(stylospore), 망상포자, 성상포자, 와권상포자 등이 있으며, 포자의 형성 위치에 따라 정생포자(acrospore), 특성에 따라 건조포자(dryspore), 점화포자(slimespore) 등이 있음

포자반(suprahilar plage) : (특히 젖버섯 또는 무당버섯류의 포자) 포자꼭지의 앞쪽 면의 바로 위쪽에 있는 편평하거나 약간 함입된(들어간) 부위

표피상층(pileipellis) : 갓 또는 대의 가장 바깥쪽의 표피로서 현미경적 관찰에 의한 용어 개념(각피, cuticle 참조)

피막(皮膜, cortina) : 거미집형 참조

해면질(海綿質, corky) : 조직이 코르크 모양으로 되어 있는 것

의학 용어

50% 치사량 : 일정 조건에서 시험 동물수의 50%를 사망시키는 약물량

RNA 중합효소(RNA polymerase) : DNA를 주형으로 RNA를 합성하는 효소

가수분해 : 자연계의 화학반응 중에 물분자가 작용하여 일어나는 분해반응

간부전증 : 간의 세균 감염, 중독, 순환장애 등의 원인으로 간의 기능이 저하된 상태

간의 괴사 : 간의 조직 일부가 죽거나 죽어가는 상태

강직성 경련 : 장기간에 걸쳐 지속되는 심한 경련

고혈당증 : 혈액 속의 포도당 농도가 비정상적으로 상승한 상태

근육 연축 : 1회의 자극으로 근육이 수축되었다가 이완되어 다시 본래의 상태로 되돌아가는 과정

다행증(euphoria) : 감정의 흥분성 장애

담즙 : 간에서 만들어지는 소화액

라음(rale) : 호흡기관의 병적 상태로 인하여 청진할 때 들리는 이상 호흡음

미세필라멘트(microfilament) : 진핵세포의 세포질에 있는 아주 가는 굵기의 섬유

반사항진 : 운동반사, 특히 건반사가 항진해 있는 상태

복막투석 : 살균한 투석액을 복강 내에 주입하여 환자의 체내에서 단백질대사의 결과로 생긴 질소를 함유한 노폐물과 과량의 물을 복막을 통해 제거하는 방법

부정맥 : 맥박의 리듬이 빨라졌다가 늦어졌다가 하는 불규칙

적인 상태

빈맥 : 맥박의 횟수가 정상보다 많은 상태

사구체 : 신장의 동맥에서 나온 모세혈관들이 실타래처럼 뭉친 덩어리

산동 : 동공이 커지는 과정

수포음 : 호흡기관의 병적 상태로 인하여 청진할 때 들리는 이상 호흡음

신부전증 : 혈액 속의 노폐물을 걸러내고 배출하는 신장의 기능에 장애가 있는 상태

실조증(ataxia) : 각각의 근육은 이상이 없으나 각 근육 간의 조화장애로 말미암아 일정한 운동을 잘 할 수 없는 상태

아마톡신(amatoxin) : 진균 독소

안면홍조 : 얼굴, 목, 머리, 가슴 부위의 피부가 갑자기 붉게 변하며 전신의 불쾌한 열감과 발한이 동반되는 상태

액틴(actin) : 근육을 구성하는 단백질로 미오신과 함께 근수축계의 기본을 이루는 물질의 하나

오심 : 구토에 앞서 일어나는 속이 메스꺼워 토하려는 상태

용혈현상 : 적혈구가 붕괴하여 헤모글로빈이 혈구 밖으로 용출하는 현상

위세척 : 길이 70~80㎝, 내부지름 약 8㎜ 정도의 고무로 만든 관을 코 또는 입으로 삽입하여 코를 통해 위에 위치시킨 후 위 내용물을 체외로 씻어내는 방법

위장염 : 급성 위염 및 장염이 동시에 일어나는 증상

유연증(salivation) : 침샘 분비의 항진증

잠복기 : 병원미생물이 사람 또는 동물의 체내에 침입하여 병이 발생할 때까지의 시간

장간순환(enterohepatic circulation) : 어떤 물질이 장에서 흡수되고 간에서 배설되어 장과 간 사이를 순환하는 일로 일반적으로 간에서 배설된 담즙은 이러한 방식으로 재흡수됨

저혈당증 : 혈액 속의 포도당 농도가 비정상적으로 감소되어 있는 상태

전사(transcription) : DNA를 원본으로 사용하여 RNA를 만드는 과정

천명음 : 기관지에 담이 결렸을 때 나는 호흡음

체외순환 : 체외의 인공회로를 따라 이루어지는 순환법

최소치사량(minimal lethal dose, MLD) : 죽음을 초래하는 한계의 최소량

축동 : 동공이 축소된 상태

콜레라 : 콜레라균에 의해 일어나는 소화기계의 전염병

팔로톡신(phallotoxin) : 독성 펩티드의 일종

혈액투석 : 환자의 혈액을 투석기를 통과시켜 혈액을 걸러 낸 다음, 이 혈액을 환자의 혈관에 다시 넣어 주는 방법

활성탄 : 흡착성이 강하고, 대부분의 구성물질이 탄소질로 된 물질

황달 : 혈액 속의 빌리루빈이 이상적으로 증가하여 피부나 점액에 침착되어 노랗게 염색된 상태

흉통 : 가슴이 아프거나 결리는 상태

독버섯 중독사고 발생 시 대처방법

- 독버섯을 먹고 30분~3시간 이내에 중독증상이 나타나면 2~3일 이내에 대부분 자연 치유되지만, 6~8시간 이후에 중독증상이 나타나면 매우 심각하고 치명적일 수 있다.
- 그러나 두 가지 이상의 독버섯이 섞여 있는 경우가 대부분이기 때문에 증상 발현 시간만으로 판단하는 것은 대단히 위험하다.
- 따라서 독버섯 중독사고 발생 시에는 바로 의료기관에 가서 치료를 받아야 하며, 의사가 정확하게 진단하고 치료할 수 있도록 원인 독버섯의 동정이 신속히 이루어져야 하며, 그 때까지 일반적인 경험적 치료나 민간요법은 삼가도록 한다.
- 치료를 위해서는 독버섯의 동정이 중요하기 때문에 중독환자나 보호자는 병원에 갈 때 남아 있는 독버섯을 반드시 소지하도록 하고 담당의사나 독버섯중독신고센터에 알려야 한다.

독버섯 중독사고 발생

의료기관 방문 응급치료(독버섯 소지)

버섯전문기관 통보 · 중독 원인 버섯 동정

정확한 치료

학명으로 찾아보기

[A]

Agaricus praeclaresquamosus A. E. Freeman 125
Amanita abrupta Peck 265
Amanita castanopsidis Hongo 368
Amanita farinosa Schwein. 262
Amanita longistriata S. Imai 128
Amanita melleiceps Hongo 325
Amanita pantherina (DC.) Krombh. 178
Amanita pseudoporphyria Hongo 252
Amanita spissacea S. Imai 205
Amanita spreta (Peck) Sacc. 316
Amanita subjunquillea S. Imai 103
Amanita vaginata var. *punctata* (Cleland & Cheel) E.-J. Gillbert 308
Amanita verna (Bull.) Lam. 364
Amanita virosa (Fr.) Bertill. 156
Amanita volvata (Peck) Lloyd 312
Anellaria semiovata (Sowerby) A. Pearson & Dennis 119
Aseroë arachnoides E. Fisch. 371

[B]

Boletus pseudocalopus Hongo 229

[C]

Chlorophyllum molybdites (G. Mey.) Massee. 344
Clitocybe clavipes (Pers. : Fr.) Kummer 203
Clitocybe nebularis (Batsch) P. Kumm. 276
Conocybe filaris (Fr.) Kühner 323
Conocybe lactea (J.E. Lange) Métrod 152
Coprinus atramentarius (Bull.) Fr. 164
Coprinus micaceus (Bull.) Fr. 89

[D]
Discina perlata (Fr.) Fr. 114

[E]
Entoloma album Hiroë 347
Entoloma rhodopolium (Fr.) P. Kumm. 235
Entoloma quadratum (Berk. & M.A. Curtis) E. Horak 211

[G]
Galerina calyptrata P.D.Orton 162
Galerina helvoliceps (Berk. & M.A. Curtis) Singer 93
Galerina vittiformis var. *vittiformis* (Fr.) Singer 333
Gymnopilus spectabilis (Fr.) Singer 97
Gyromitra esculenta (Pers.) Fr. 174
Gyromitra infula (Schaeff.) Quél. 250

[H]
Hebeloma vinosophyllum Hongo 200
Hygrocybe conica f. *conica* (Scop.) P. Kumm. 216

[I]
Inocephalus murrayi (Berk. & M. A. Curtis) Rutter & Watling 141
Inocybe asterospora Quél. 232
Inocybe calamistrata (Fr.) Gillet 305
Inocybe calospora Quél. 194
Inocybe fastigiata (Scheff.) Quél. 247
Inocybe lacera (Fr.) P. Kumm. 226
Inocybe umbratica Quél. 356

[L]
Lactarius chrysorrheus Fr. 149
Lactarius scrobiculatus (Scop.) Fr. 342
Lampteromyces japonicus (Kawam.) Singer 328
Lepiota castanea Quél. 197

Lepiota cristata (Bolton) P. Kumm. 86
Lepiota ventriosospora D. A. Reid 209
Leucoagaricus rubrotinctus (Peck) Singer 297
Leucocoprinus birnbaumii (Corda) Singer 138
Lysurus mokusin (L.) Fr. 241

[M]

Macrolepiota neomastoidea (Hongo) Hongo 351
Morchella esculenta (L.) Pers. 122
Mycena pura (Pers.) P. Kumm. 182

[N]

Naematoloma fasciculare (Huds.) P. Karst. 143

[P]

Panaeolus papilionaceus (Bull.) Quél. 186
Panaeolus subbalteatus (Berk. & Broome) Sacc. 107
Paxillus atrotomentosus (Batsch) Fr. 289
Paxillus curtisii Berk. 135
Paxillus involutus (Batsch) Fr. 294
Paxillus panuoides (Fr.) Fr. 270
Paxina acetabulum (L.) Kuntze 268
Phaeolepiota aurea (Matt.) Maire 319
Pholiota squarrosa (Vahl) P. Kumm. 222
Pholiota squarrosoides (Peck) Sacc. 301
Pholiota terrestris Overh. 170
Podostroma cornu-damae (Pat.) Boedijin 213
Psilocybe coprophila var. *coprophila* (Bull.) P. Kumm. 292
Pulveroboletus ravenelii (Berk. & M.A. Curtis) Murill 100

[R]

Ramaria aurea (Schaeff.) Quél. 331
Ramaria flava (Schaeff.) Quél. 154
Ramaria formosa (Pers.) Quél. 219

Ramaria sanguinea (Coker & Doty) Corner 273
Russula densifolia Secr. ex Gillet 257
Russula emetica (schaeff.) Pers. 190
Russula foetens (Pers.) Pers. 132
Russula japonica Hongo 360
Russula nigricans Fr. 279
Russula senecis S. Imai 338
Russula subnigricans Hongo 282

[S]

Scleroderma areolatum Ehrenb. 286

[T]

Tricholoma virgatum (Fr.) P. Kumm. 335
Tylopilus nigerrimus (R. Heim) Hongo & M. Endo 111

참고문헌

1. Breitenbach, J. and Kranzlin, F., Fungi of Switzerland, Vol. Ascomycetes, Mycological Society of Lucerne, 1984;6-310, Switzerland.

2. Bresinsky A. and Besl H. A Colour Atlas of Poisonous Fungi, 1990;1-295, Wolfe Publishing Ltd.

3. Imazeki, R. and Hongo, T. Colored Illustrations of Mushrooms of Japan Ⅰ, Hoikusha Publishing Co., Ltd., Osaka. 1987;1-325.

4. Imazeki, R. and Hongo, T. Colored Illustrations of Mushrooms of Japan Ⅱ, Hoikusha Publishing co., LTD, Osaka 1989;1-315.

5. Imazeki, R., Otani, Y., and Hongo, T. Fungi of Japan. Yamakei Pubulishers. Tokyo. pp. 1988;175-180.

6. Jae Gyun Lim, Jeong Ho Kim, Chang Youl Lee, Sang In Lee, Yang Sup Kim. Amanita virosa Induced Toxic Hepatitis: Report of Three Cases. Yonsei Medical Journal 2000;41(3):416-421.

7. Judith Tintinalli, J. Stapczynski, O. John Ma, David Cline, Rita Cydulka, Garth Meckler. Tintinalli's Emergency Medicine: A Comprehensive Study Guide, 7th ed, McGraw-Hill Professional, 2010.

8. Kornerup, A. and Wanscher, J. H.. Methuen handbook of colour, 3rd., Fletcher and Son Ltd. Norwich, Great Britain. 1983;5-252.

9. Lewis S. Nelson, Neal A. Lewin, Mary Ann Howland, Robert S. Hoffman, Lewis R. Goldfrank, Neal E. Flomenbaum. Goldfrank's Toxicologic Emergencies, 9th ed. New York: Mc Graw Hill, 2010.

10. Paul S. Auerbach. Wilderness Medicine, 5th ed. Philadelphia: Mosby Elsevier, 2007.

11. Richard C. Dart, etc. Medical Toxicology, 3rd ed. Philadelphia: Lippincott Williams & Wilkins, 2004.

12. 강진경, 박인서, 문영명, 박찬일, 송시영, 이기명, 원욱희, 최윤정. Amanita virosa에 의한 독버섯 중독증 1예. 대한소화기학회지 1996;28(4):576-581.

13. 김삼순, 김양섭. 1990. 한국산버섯 도감. pp. 391, 유풍출판사.

14. 노현주, 김재한, 강혜련, 이명권, 현상훈, 강영모, 이종명, 김능수. Amanita subjunquillea 버섯 중독의 임상상. 대한내과학회지 2000;58(4):453-461.

15. 서주현, 김성진, 정영국, 최웅길, 권영세, 노형근. 심한 간독성을 보인 amatoxin 중독 증례. 대한임상독성학회지 2006;4(1):73-77.

16. 석순자, 김양섭, 김완규 등. 한국의 버섯 식용버섯과 독버섯. 2008. 동방미디어.

17. 석순자, 김양섭, 조원대. 알기쉬운 독초·독버섯. 2007. 이문출판사.

18. 안병인, 이동수, 이강문, 강상범, 양진모, 박영민 등. 한국의 Amatoxins 중독증. 대한간학회지 2000;6(3):340-349.

19. 엄기철, 김양섭, 석순자 등. 2003. 한국의 식용버섯과 독버섯(CD-ROM). 2004. 동방미디어.

20. 이광훈, 이종원, 민병철, 최승옥, 장우익, 권상옥, 박찬일, 김양섭. 1987년 영서 지방에 발생한 광대버섯과 (Amanita) 독버섯 중독 16예의 임상적 고찰. 대한내과학회지 1990;38(1):58-67.

21. 정현철, 김보석, 송상헌, 김용범, 신호진, 이동원, 이우철, 이수봉, 곽임수, 나하연. 독우산광대버섯 중독에 의한 급성 신부전 2예. 대한내과학회지 1999;57(6):1053-1060.